十万个为什么 100000 WHYS

达尔文密码

少年科学馆

何 鑫著

少年儿童出版社

作者简介

何鑫，华东师范大学生态学博士，上海自然博物馆副研究员，研究方向为动物生态学和保护生物学，在国内外学术期刊上发表论文十余篇，承担科研课题四十余项。网名核心17，自然科普达人，古生物发烧友。野外足迹遍世界各地，曾以专家身份带队前往肯尼亚、南非、斯里兰卡、厄瓜多尔等地。上海野鸟会资深会员，野性中国自然影像学校毕业学员，上海科普作家协会会员，上海广播电台系列科普栏目常驻嘉宾。曾获福特汽车环保奖、上海静安青年英才、上海市优秀科普作家、中国科普作家协会科幻科普之星等称号。多次参与中央电视台《正大综艺·动物来啦》《科学动物园》、上海电视台《新闻夜线》等节目，并受邀在众多平台进行了近四百场科普讲座。撰写和翻译了《环游加拉帕戈斯》《鸟类行为图鉴》《生态学通识》等多部著作以及数百篇与自然保护有关的科普作品。热衷于科学普及、公众传播和环境教育活动。

图片来源

维基百科、视觉中国

序

当我们来到自然博物馆参观，面对各式各样、琳琅满目的生物标本和模型时，很难不惊叹于生命演化的神奇。大自然究竟是以什么样的魔法塑造了如此壮丽的生命世界呢？物种如何产生，又为何会灭绝？相信很多人，尤其是小朋友，都会思考这个问题，并为此着迷。幸运的是，早在二百年前，以达尔文等为代表的一大批伟大的科学先驱，就已经为揭示其中的奥秘，付出了不懈的努力。在地质学、古生物学、动物学、植物学、微生物学、生态学、分子生物学、演化生物学等各个学科的交织进步下，生命演化的密码逐渐被揭开，其中隐藏的奥秘也逐渐清晰起来。当我们回顾这一切，也许才有机会真切感受人类作为生命演化史上普通又独特一员的渺小与伟大。

演化，究竟是什么？从内在来讲，演化是基因层面遗传密码在复制过程中可能出现的微小错误，却因为从量变到质变的积累，产生出可能的变异，从而再在生物个体一代代的积累与改变中，产生新的性状，直至演变出新的物种。但从外在来说，演化从来都在大自然的掌控之下：环境的细微变化，决定着万千生命的生存与死亡；自然选择赋予了演化无限的潜力……所谓适者生存、幸者生存，最终在数十亿年的地球历史中塑造出了一代又一代神奇而耀眼的生物。

像很多小朋友一样，在孩提时代，我也为恐龙这样的古生物所着迷，总是幻想着如果有机会回到远古时代该多好，这样就能亲眼目睹壮观的古生物们，或许还能有机会与它们一起奔跑、畅游。许多年过去了，带着这样的梦想，我也最终成为了一名从事生态学研究的科研人员，虽然没有能够直接从事“恐龙的研究”，但对于现生动物的了解，却帮助我以不一样的视角，来看待恢弘的地球生命史和那些有趣的演化问题。

“眼睛是怎么产生的？”“脚又是如何出现的？”“恐龙与鸟类是什么关系？”“爬行动物、哺乳动物谁更成功？”“人类自己又是从何而来？”……面对这些有关生命演化的有趣话题，我们恰好有机会在少年儿童出版社的“十万个为什么·少年科学馆”系列丛书中，以《达尔文密码》为大家呈现。

纵观地球生命的演化史，没有什么物种是永存的，演化永远都在发生。作为有能力感知和研究这些自然奇迹的智慧物种，好奇心驱使着我们不断探索未知。希望阅读这本书的朋友，尤其是聪明可爱的小读者们，换一种眼光去看待这个世界，或者在未来继续为我们揭示地球生命演化的神奇秘密。

何鑫

2022年11月于上海自然博物馆

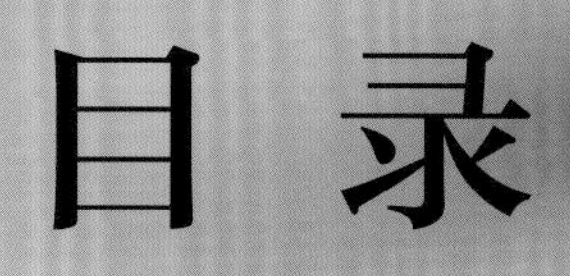
目录

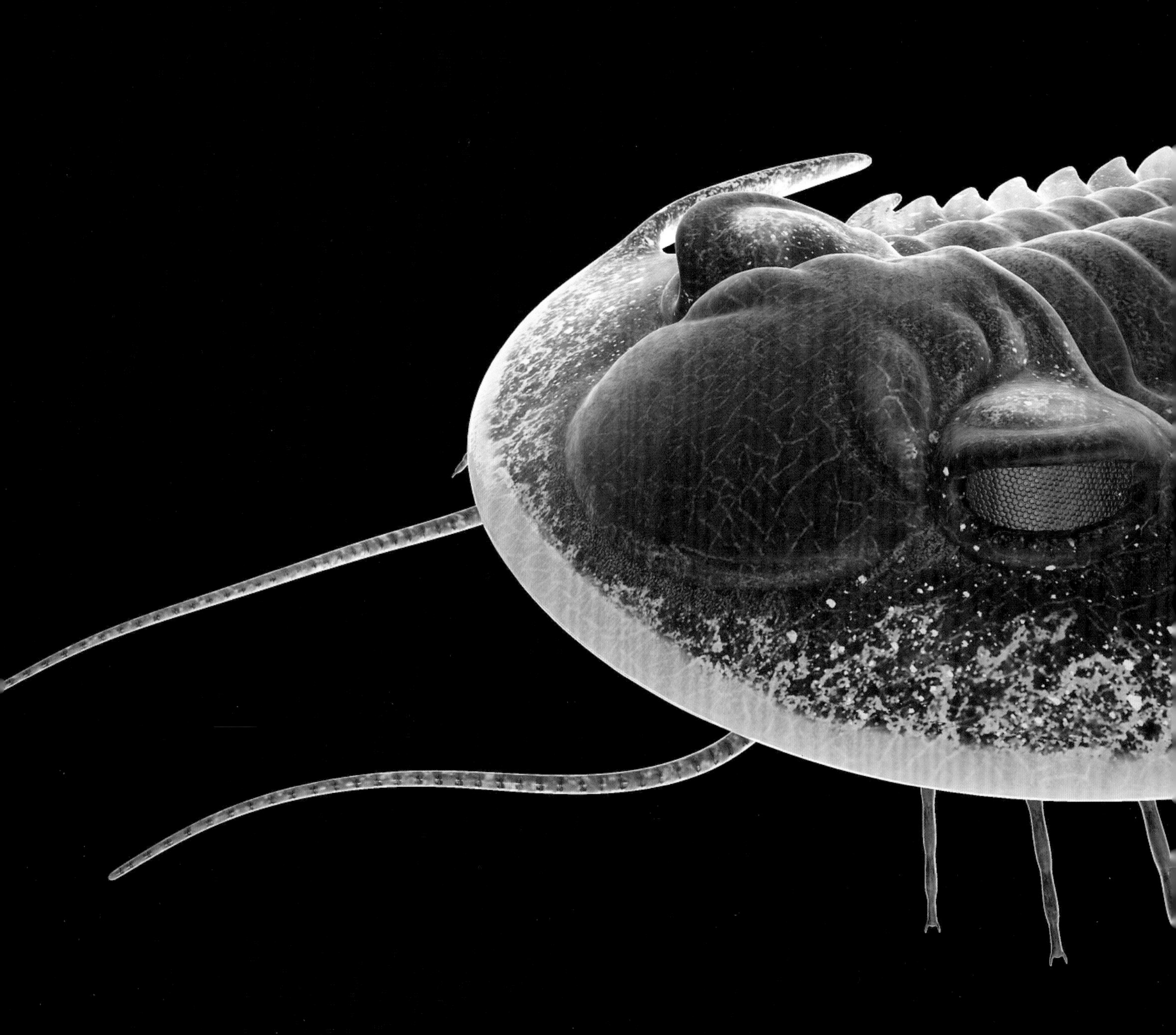

原初之息

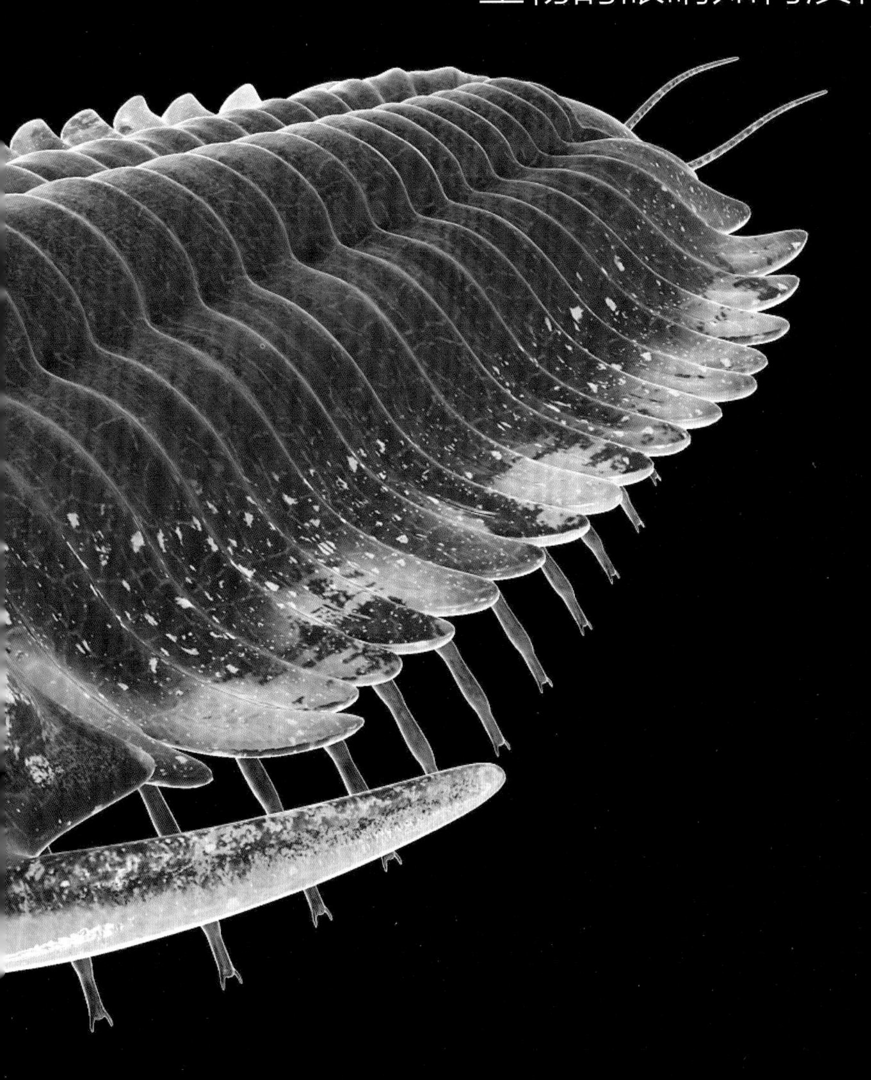

生命什么时候出现?

地球诞生于 46 亿年前，在最初的 10 亿多年间，地球从一个由炽热的气体、尘埃和碎片集合而成的星球，逐渐趋于稳定。氨基酸、RNA、DNA 这样的大分子物质开始出现，生机勃勃的生命世界有了出现的基础。

科学家估计，有一类古老的生命出现于距今 38 亿 ~35 亿年前，它们就是曾经被称为蓝藻，如今被称为蓝细菌的微生物，它们被认为是最早的生命代表之一。与之相比，人们耳熟能详的中大型生命要到距今约 5.45 亿年前的寒武纪生命大爆发时期才出现。

地球上的氧气是如何变多的?

蓝细菌能够进行光合作用，它们会利用太阳的光能制造生长所需的能量，并释放氧气。蓝细菌的光合作用还改善了地球大气的成分。随着大气中氧含量的增加，生物有氧呼吸成为可能，逐渐形成的臭氧层也阻挡了绝大部分来自宇宙空间的紫外辐射，为陆地生命的繁荣奠定了基础。当蓝细菌开始通过光合作用改变大气成分后，那些不厌氧的真细菌们开始迎来生存的巨大利好。通过有氧呼吸释放能量满足自身的生理需求，成为此后生命世界生存的主体。

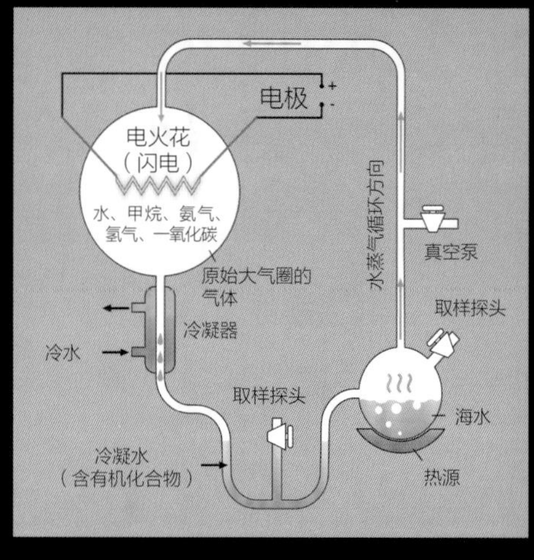

探究生命起源的米勒－尤里实验：右下烧瓶模拟早期地球海洋环境，左上烧瓶则模拟闪电

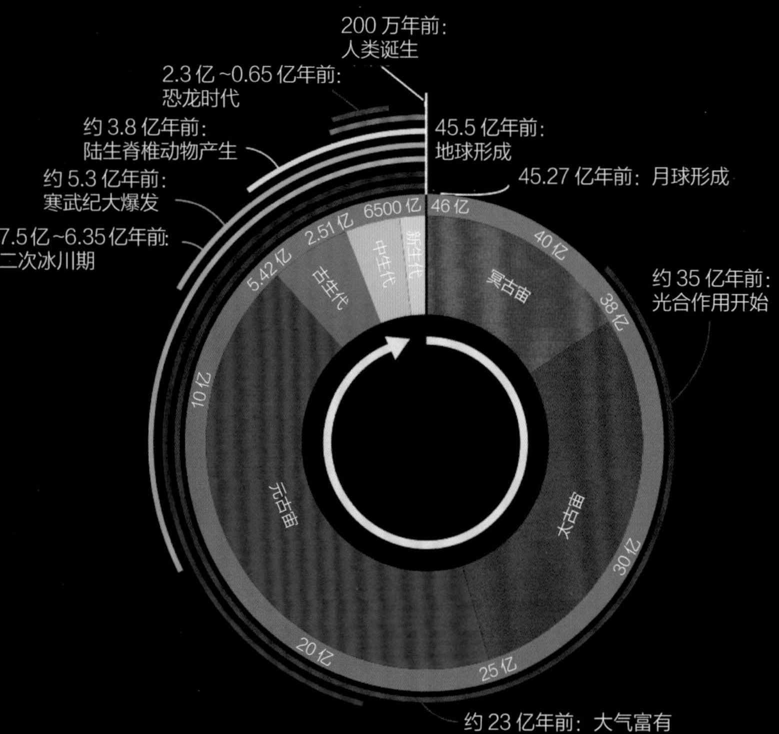

地质历史如何纪年?

在地质学上，根据生物的发展和地层形成的顺序，可以将地质历史划分成若干被称为地质年代的自然阶段，级别从大到小依次是宙、代、纪、世。第一级宙：从地球诞生到距今 40 亿年前为冥古宙，从距今 40 亿年至 25 亿年前为太古宙，之后的元古宙延续至 5.45 亿年前。此后的地质历史是大家耳熟能详的古生代、中生代和新生代，它们一起组成了显生宙。所谓显生宙，正是指有“能看得见的生物的年代”。而在此之前的三个宙，人们还会习惯上称呼它们为前寒武纪，因为紧随其后的就是寒武纪生命大爆发了。

有比蓝细菌更早出现的生物吗?

与蓝细菌相比，不需要氧气，也无法进行光合作用的一些生命出现时间可能更早。它们就是古细菌，也被叫作古菌。古菌能够生活在更为残酷而极端的环境中。科学家推测它们极有可能是更为古老的生命

古菌细胞直径 0.1~15 微米。
古菌占有地球上 20% 的生物量。

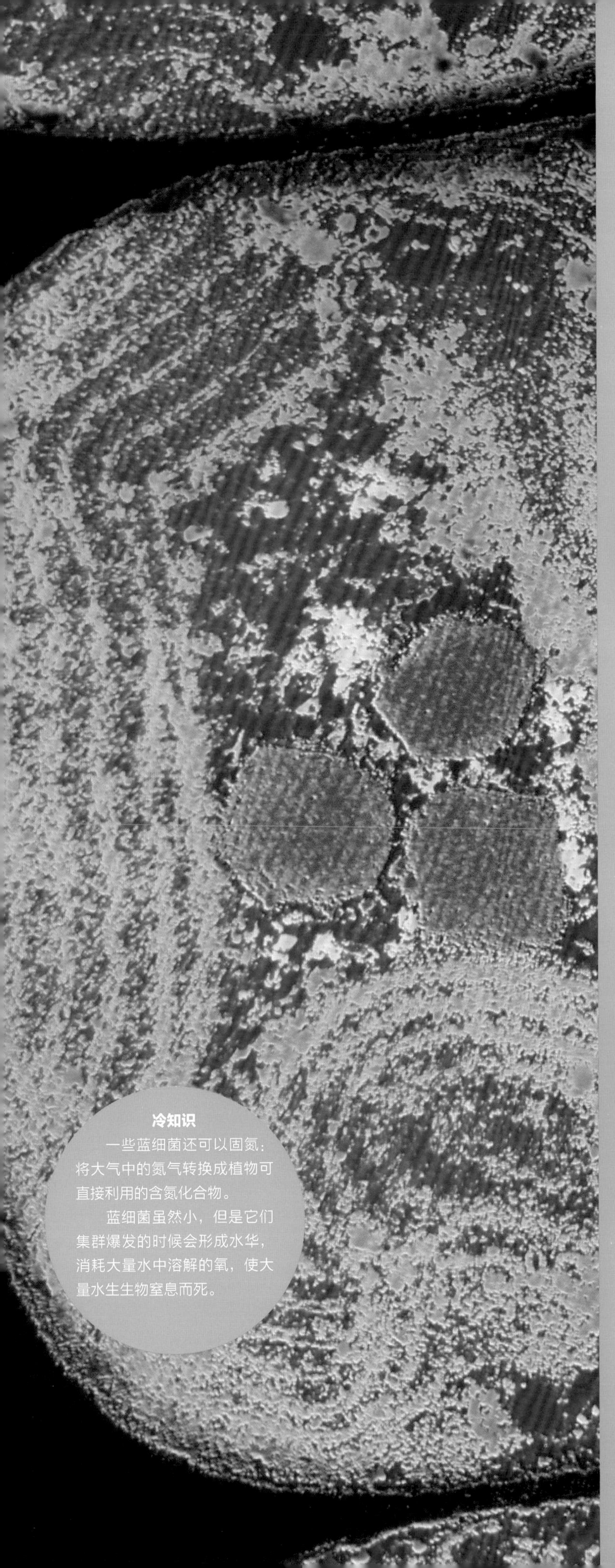

冷知识

一些蓝细菌还可以固氮：将大气中的氮气转换成植物可直接利用的含氮化合物。

蓝细菌虽然小，但是它们集群爆发的时候会形成水华，消耗大量水中溶解的氧，使大量水生生物窒息而死。

现在还有古菌吗？

在如今的世界中，古菌的栖息环境栖息依然十分广泛，从陆地到海洋，乃至人体上都能找到它们的踪影。当然，人类最为关注的是那些生活在水温极高的温泉、盐度极高的盐湖以及海底热液环境中的古菌。这些能够生活在极端环境中的嗜极生物是科学家猜测的最早的生命形式。早期的地球和如今的景观大为不同，那时充满营养元素的海底火山热液口，可能就是生命最早诞生的场所。当然，还有一些科学家推测病毒可能是最早的生命。

细胞内有细菌吗？

植物细胞中，叶绿体是进行光合作用的主要场所。而包括植物、动物、真菌、原生生物在内的真核生物要生存，依靠的是细胞中的线粒体进行有氧呼吸。关于这两个细胞器的起源，认可度最高便是叶绿体、线粒体分别源于原始真核细胞内共生的蓝细菌和真细菌。所以，即使在人类体内，远古时代微小的生命形式依然在发挥着巨大的作用。

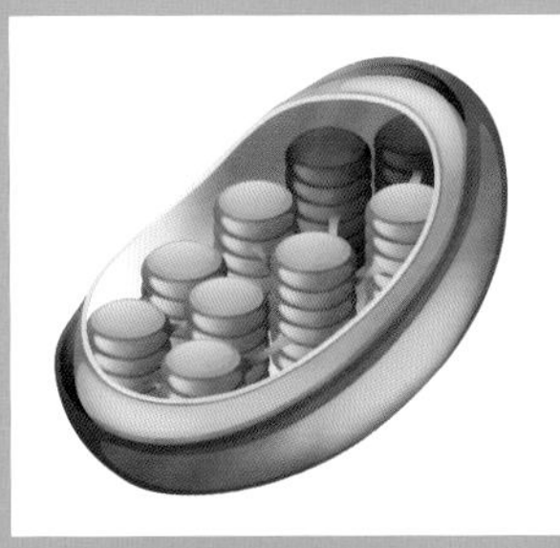

叶绿体

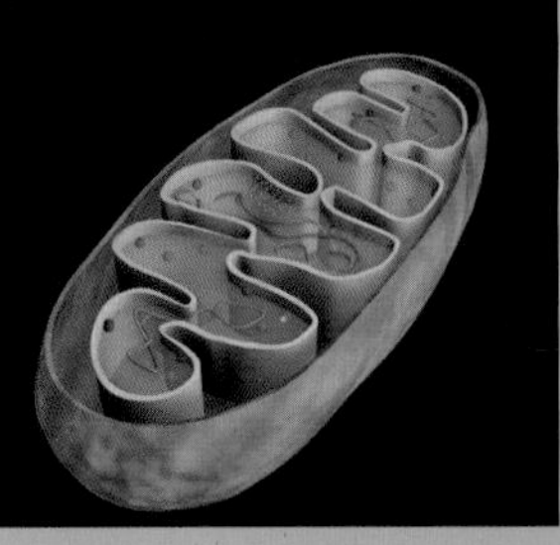
线粒体

只有一个细胞的生物怎么活？

只有一个细胞的生物怎么活？其实细胞本身就有运动、摄食、消化、排泄等功能，就靠这些功能便可存活。我们先从什么是细胞来探究吧！

什么是细胞？

细胞是构成生物体（除了病毒外）最基本的单位。简单来说，细胞可分为两大类：原核细胞和真核细胞。真核细胞具有真正成型的细胞核，而原核细胞则没有；除了核糖体外，原核细胞没有其他的细胞器，而真核细胞中还含有线粒体、叶绿体、高尔基体等各种细胞器。

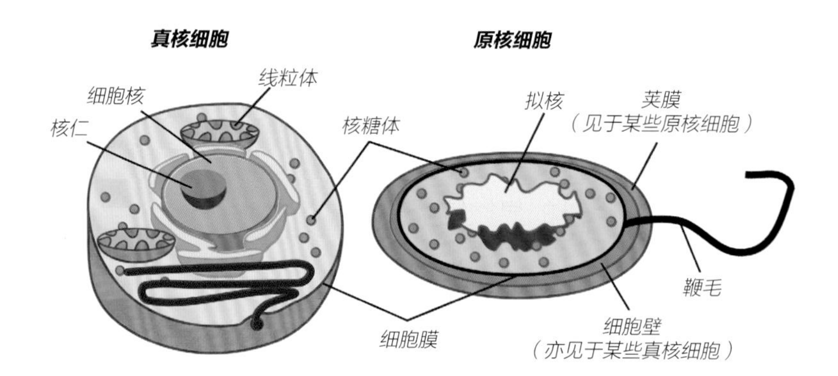

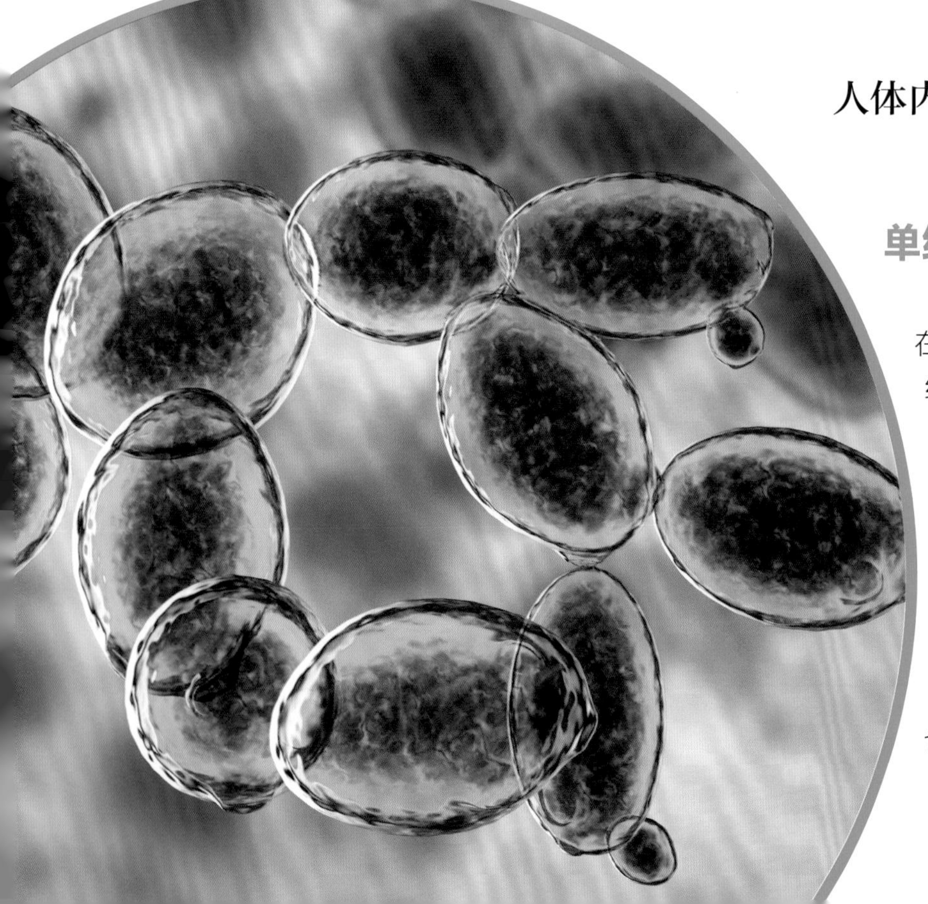

单细胞生物都有哪些？

生物可分为单细胞生物和多细胞生物。在生物分类学中，最大的分类单元通常是界。细菌界和古菌界的生物就由原核细胞构成，它们都是由一个细胞构成的，都属于单细胞生物。其他生物都属于真核生物界，它们由真核细胞构成，包括原生生物、真菌以及人们熟悉的植物和动物。植物和动物是典型的多细胞生物，它们是由许多分化的细胞组成的生物体；而原生生物全部是单细胞生物；真菌家族中则既有单细胞的，也有多细胞的。

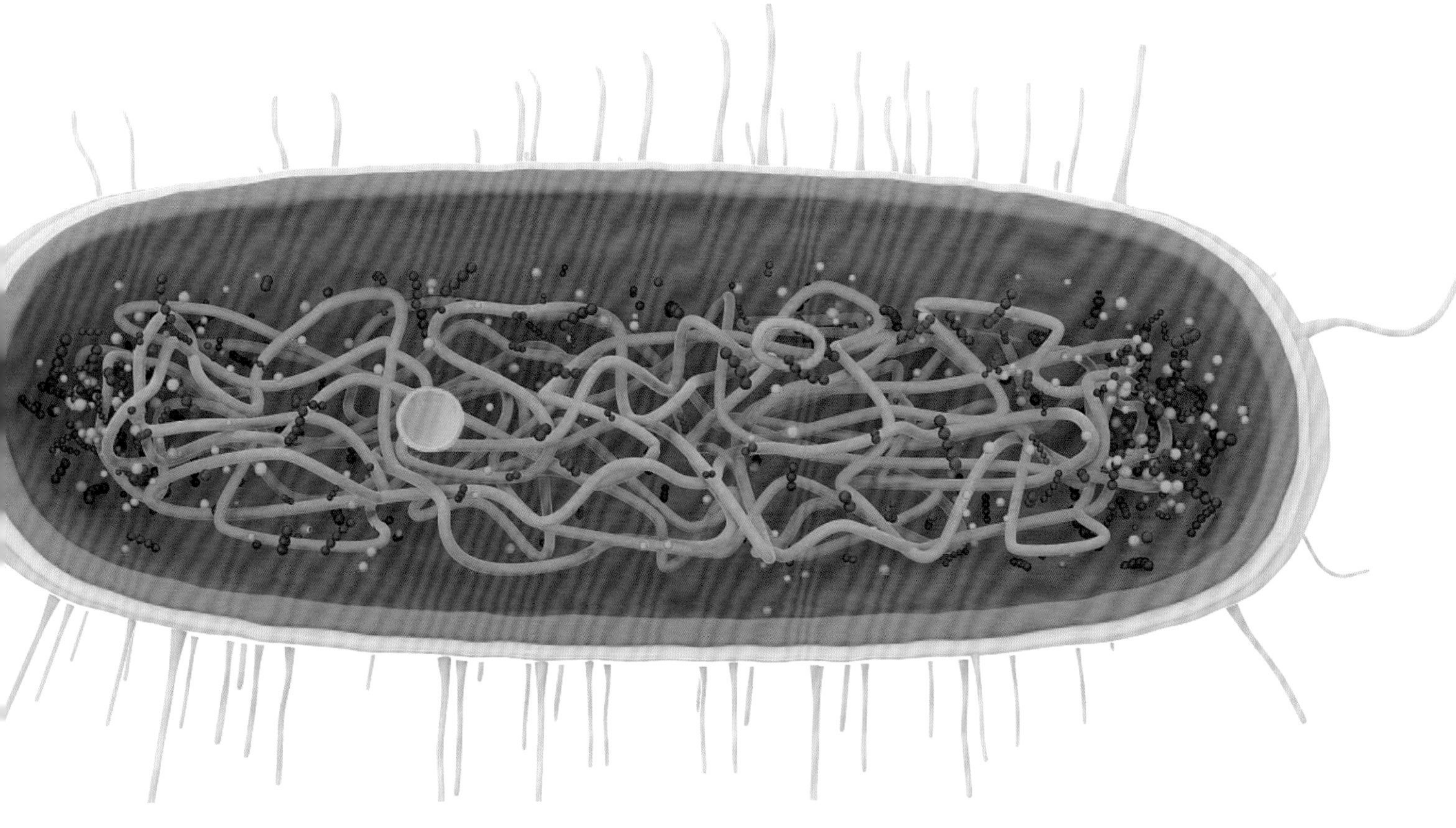

人类什么时候发现了细胞？

细胞是由英国科学家胡克于 1665 年发现的。当时，他使用自制的显微镜观察软木塞的薄切片，惊奇地发现放大后的软木塞切片竟然有像小房间一般一格一格的结构。他使用英文中意为单人房间的 cell 一词来命名这种结构——这是人类历史上第一次观察到细胞。不过，胡克看到的是已经死亡的植物细胞。

胡克还是虎克？

首先看到活细胞的是荷兰生物学家列文虎克。注意，是虎克，不是胡克。1674 年，他制作了一个直径只有 3 毫米，却能将物体影像放大 200 倍的镜片，从而成功观察到了血液中的红细胞。他还通过显微镜首先观察并描述了细菌等单细胞生物。

单细胞生物吃什么？

单细胞生物虽然只由一个细胞构成，但它们也能依靠各自所拥有的细胞结构完成营养、呼吸、排泄、运动、生殖和调节等各项生命活动。例如，在数量上占据单细胞生物乃至所有生物中大多数的细菌，依靠的就是分泌消化酶到周围，把有机物分解成小分子，然后通过对应的受体或通道吸入细胞内。

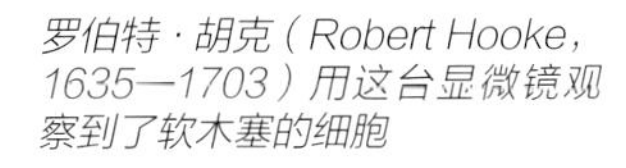

罗伯特·胡克（Robert Hooke，1635—1703）用这台显微镜观察到了软木塞的细胞

列文虎克（Antonievan Leeuwenhoek，1632—1723）自制的显微镜能将物体放大 200 倍

细菌是所有生物中数量最多的一类。据估计，它们的总数约有 5×10^{30} 个。

变形虫会变形吗？

以变形虫为代表的真核单细胞生物主要通过胞吞作用获取食物。当它们发现食物时，会靠近后将其包裹住，“吞入”细胞内部；然后，将其分解利用；所产生的废物则被“吐出”细胞外。对于变形虫而言，体表的任何部位都可形成临时性的突起，这个结构叫做伪足。伪足既可以包裹住食物完成摄食，也可以是临时运动器，帮助它们移动。

冷知识

目前发现的细胞数最少的多细胞生物只有 4 个细胞，就是植物界绿藻门绿藻纲的团藻。它们的 4 个细胞会整齐聚集排列在一起，就像四叶草一般。

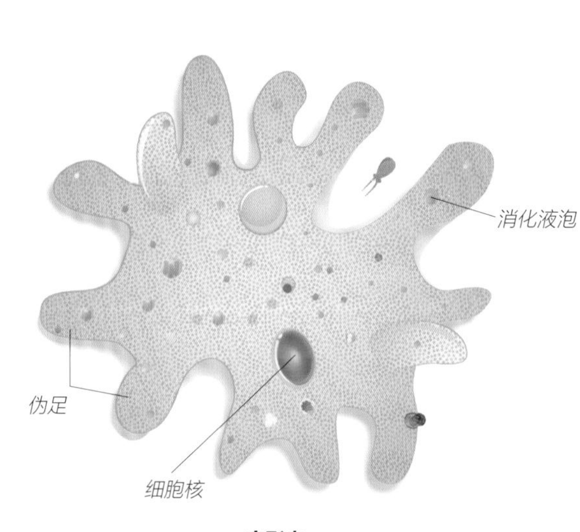

变形虫

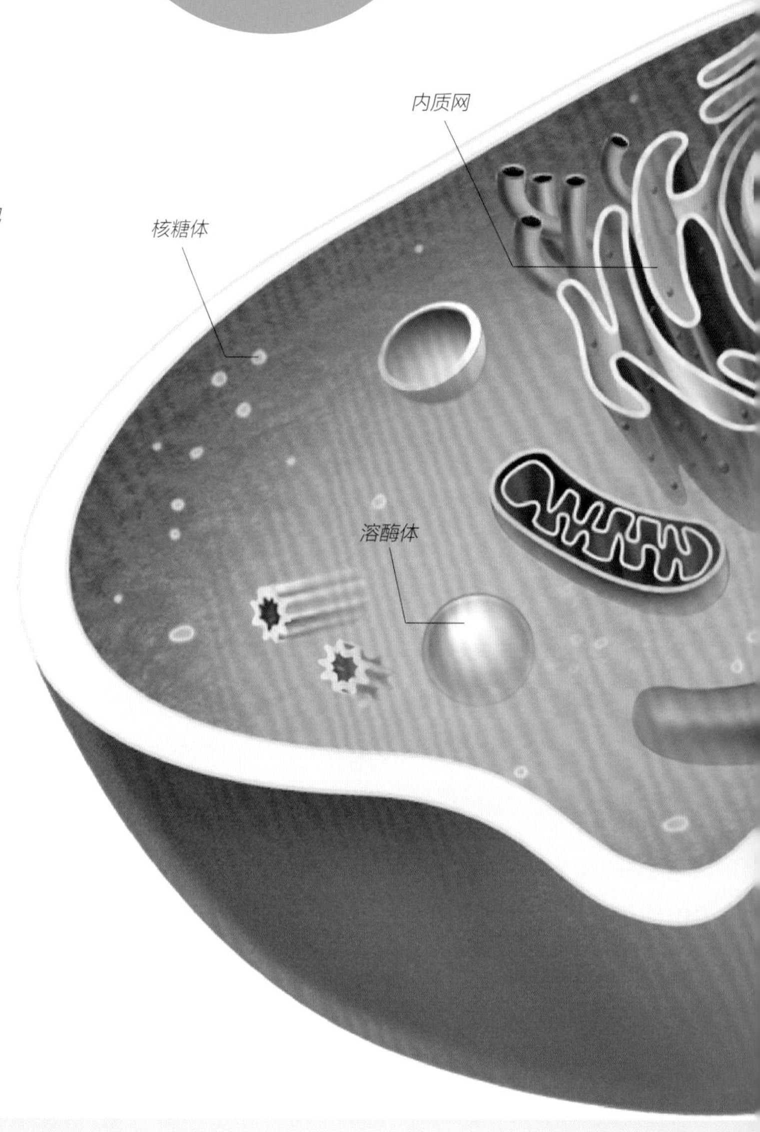

单细胞圆石藻

靠鞭毛活动的单细胞藻类

有些单细胞藻类具有能够感光的眼点，还有能够摆动的鞭毛，它们可以依靠眼点感光和鞭毛摆动，前往更适宜进行光合作用的环境。

最大的单细胞生物是一种巨型深海有孔虫。它们的细胞直径常常超过10厘米，最大能达到约20厘米。

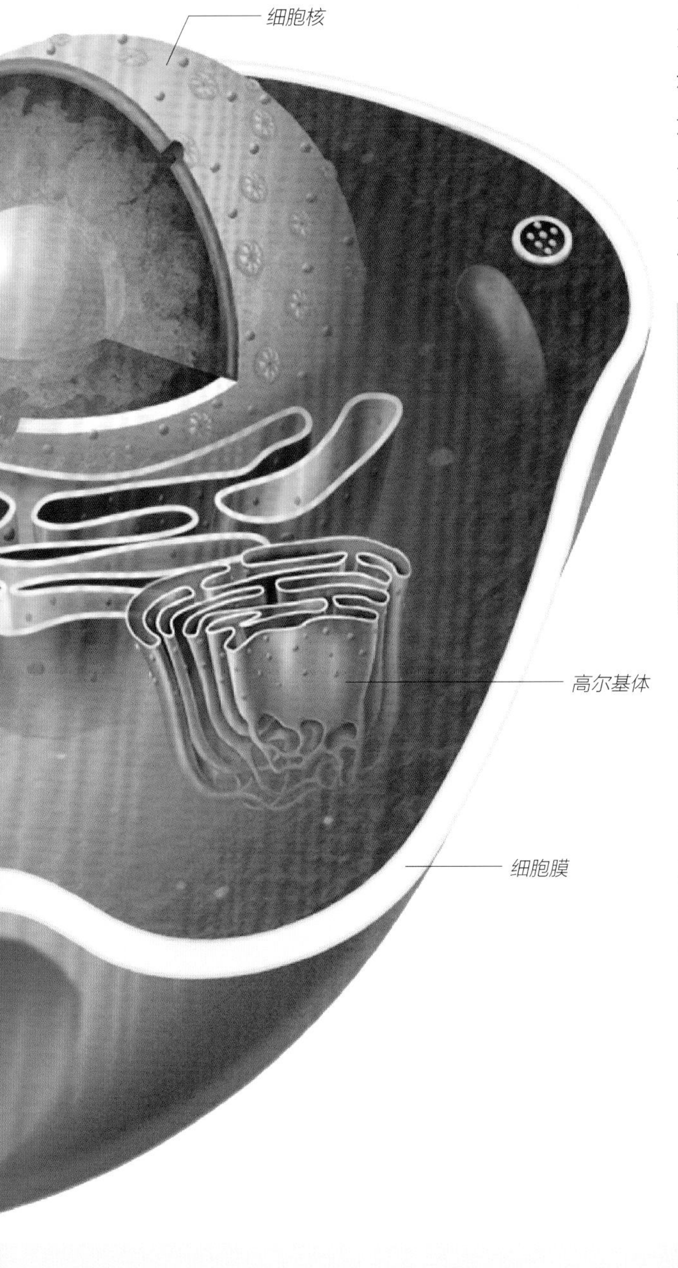

草履虫如何捕食？

有些原生生物把胞吞作用发挥得更为细致，最典型的就是草履虫。草履虫的细胞表面包裹着一层膜，膜上密密麻麻地长着许多纤毛。它们身体的一侧有一条被称为口沟的小沟——这相当于“嘴巴”。当口沟内的纤毛摆动时，就能够把水里的细菌和有机碎屑摆入口沟，从而进入草履虫体内。食物的残渣则会从一个叫肛门点的小孔排出。草履虫依靠外膜吸收水里的氧气，排出二氧化碳。草履虫的细胞内有两个细胞核，较大的细胞核参与营养代谢，较小的核则主要参与繁殖。

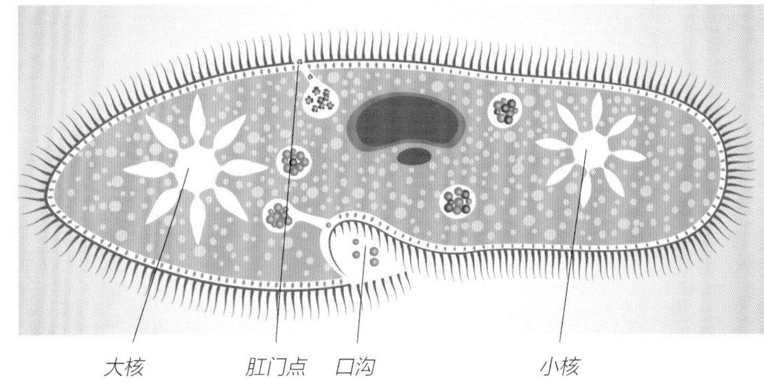

单细胞藻类是植物吗？

在传统的认知中，单细胞的藻类被归为植物，但如今它们也已经被归为原生生物。这些单细胞藻类的细胞呈卵形或球形，有细胞壁、细胞质和细胞核，重要的是在它们的细胞质里还有叶绿体。对于这些单细胞藻类而言，它们的整个细胞都能够吸收水中的二氧化碳和无机盐。

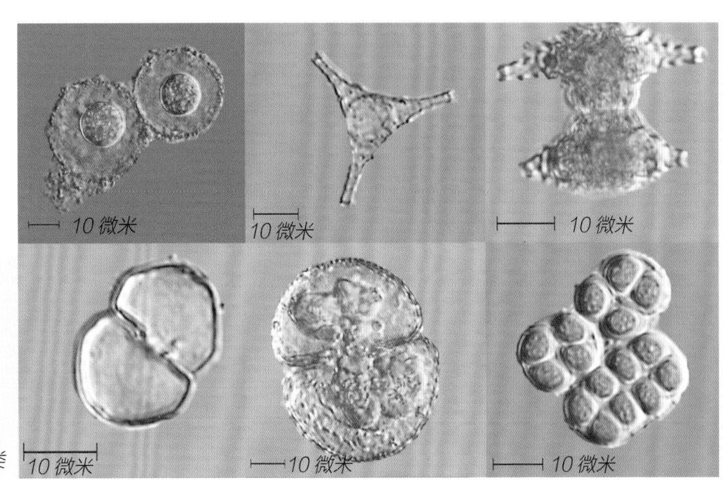

各种各样的单细胞藻类

到底是“进化”还是“演化”？

当我们在谈到生命一代代的变化时，常常会脱口而出“进化”这个词。在生物学中，“进化”可不意味着生物一定朝着“进步”的方向前进。例如，蛇丧失了祖先行走所需的四肢，这虽然被我们称呼为“退化”，但它们依然属于生物“进化”的过程。所以，用“演化”这个词更为合适。简单来讲，演化在表面上是生物一代代的外部形态逐渐发生变化，最终从一种生物演变为另一种生物。但本质上，生物的演化其实是发生在分子水平上——构建生命体本身的基因组发生了改变，这就是基因突变。而随着基因的突变，生物原有基因所指导的对应的蛋白质合成也就发生了变化，最终反映在外部形态——性状上。

植物

大多数不能移动
具有根、茎、叶等结构
通过光合作用获得养分（自养型）
通过叶和根排出废物
没有神经系统

冷知识

软体动物门的腹足纲，有一种叫绿叶海蛞蝓的动物。它们的独门绝技是让一些海藻的基因合并入自己的染色体中，之后它们便能产生叶绿素等光合色素，从而进行光合作用，为自己提供能量。

在从地球诞生之初到距今26亿年前，大气中的氧含量只有约0.02%。如今，大气中的氧含量约为21%。

新的物种是如何产生的?

有些时候基因突变会让生物具有更有利于生存的性状，有些时候则会产生有害的性状，还有些时候，新的突变无所谓有害还是有利。

正是这些突变的日积月累，使得在自然条件发生变化的情况下，会逐渐筛选出一些更适应新变化的个体。这些适应新环境的个体不断繁殖与自己近似的后代，具有新性状的个体就会逐渐在种群中占据优势。最终，它们改变了整个种群的结构，从而形成新的物种。

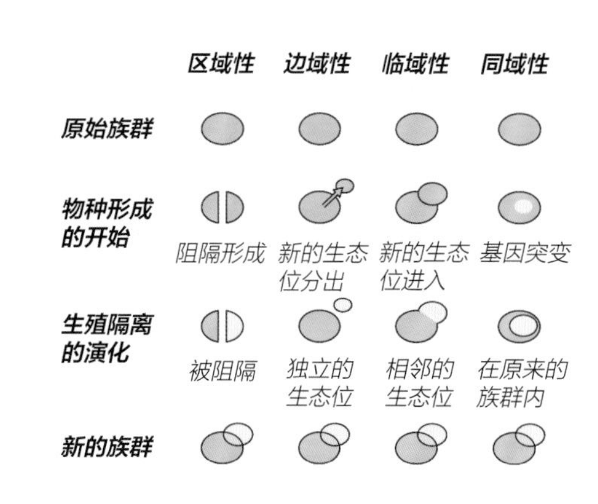

四种物种形成的方式

生物不靠氧气能生存吗?

目前，很多科学家认为，生命最早出现于海底的热泉。在那里，从海底突出的烟囱状结构不断喷射出被岩浆加热到约 300℃的水，热泉中充满热能，富含甲烷、硫化氢和氨，周围的有机分子可以借以发生反应，最终聚合成与外界环境有所分离、具有新陈代谢和自我复制两大特征的早期生命。但与我们熟知的世界不同，这些早期生命生存的地球是缺乏氧气的，所以它们的生命活动也是在这种条件下发展出来的，它们是厌氧生物——能在无氧环境中分解有机物，产生生命活动所需的能量。

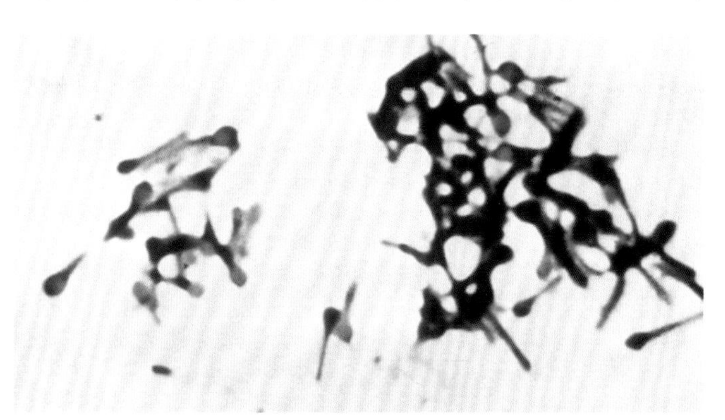

破伤风梭菌就是一种厌氧菌，在有丰富氧气的环境中，它们无法生存

谁释放了第一口氧?

随着时间的发展，有些细菌发展出了原始的光合作用。它们能够利用远比热泉的热能广泛的光能合成养分，完成生命活动。不过，这种光合作用依靠的是光合磷酸化，不产生氧气——所以它们依旧是厌氧的。

距今 27 亿年前，能够利用光能，把二氧化碳和水合成富含能量的有机物、同时释放氧气的真正光合作用出现了，它的使用者就是蓝细菌。

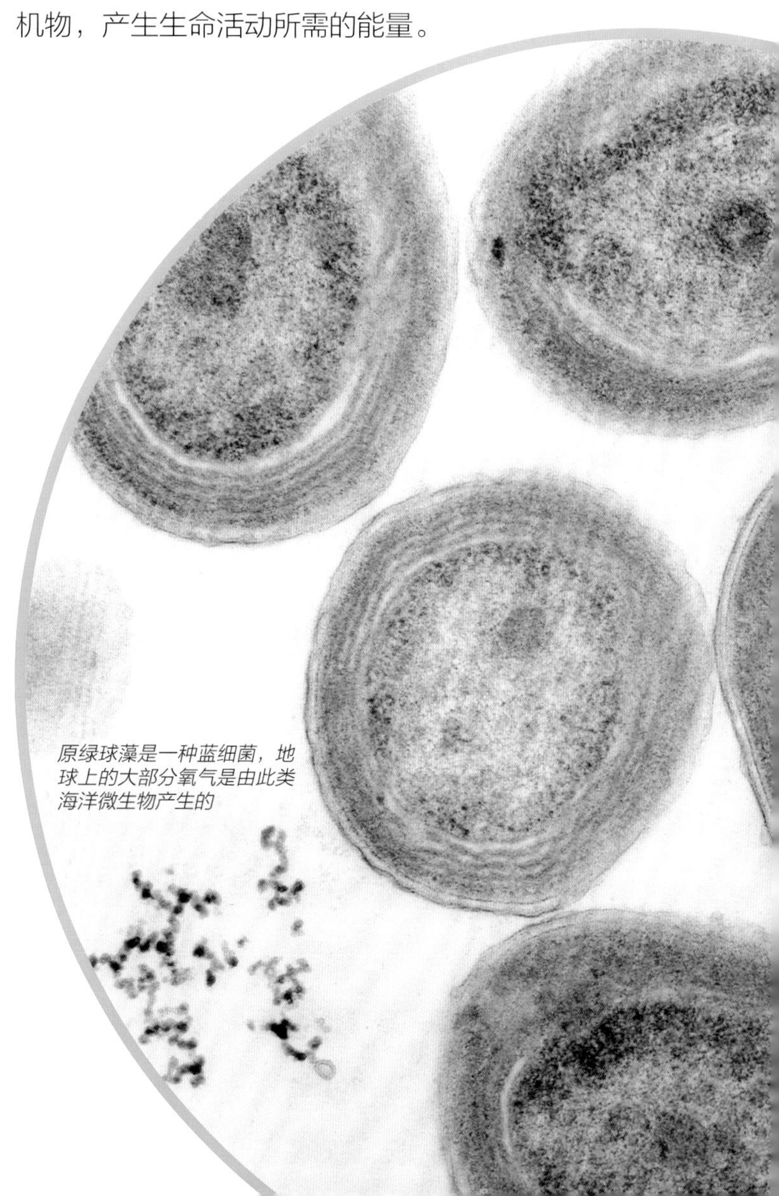

原绿球藻是一种蓝细菌，地球上的大部分氧气是由此类海洋微生物产生的

氧气是如何变多的？

随着蓝细菌的光合作用，在距今 26 亿年前，海洋和大气中的氧气显著增加，这就是地质历史上的大氧化事件。于是，地球从之前的无氧环境转变为富含氧气的有氧环境。对于厌氧生命而言，氧气无疑是一种毒气，生命演化的趋势使更多适应于有氧环境的生命出现了。

石炭纪的氧气浓度比现在高，因此诞生了很多庞然大物：这种 3 亿年前石炭纪的巨脉蜻蜓翼展可达 70 厘米，是已知的地球上曾出现的最大飞行昆虫

原核细胞如何向真核细胞转变？

在生物分类学中，广义的细菌是一个十分大的概念，它包括古细菌和真细菌两个域——它们合称为原核生物。域是比界更高的一个阶元，也是目前最高的一个阶元。我们熟知的动物、植物、真菌以及单细胞的原生生物虽然分属于不同的门，但它们都属于真核生物域。与原核生物相比，真核生物的细胞具有明显的细胞核和各种细胞器。科学家普遍认为，真核细胞由原核细胞演化而来，其中包括膜内折和内共生两个过程。

细菌　古菌　真核生物

螺旋菌
绿丝状菌
革兰氏阳性菌
变形菌门
蓝菌门
浮霉菌属
拟杆菌属
噬胞菌属
热袍菌属
产水菌属
甲烷八叠球菌属
甲烷杆菌属
甲烷球菌属
热球菌属
热变形菌属
热网菌属
适盐菌属
内变形虫属
黏液菌
动物
真菌
植物
纤毛虫
鞭毛虫
毛滴虫目
微孢子虫
双滴虫目

三域分类系统的系统发生树

植物和动物如何产生？

被吞噬的好氧细菌和具有光合作用的蓝细菌能够利用原细胞的营养成分，它们所产生的能量和产物也能为原细胞所利用，最早的单细胞真核生物——原生生物就随之出现了。随着演化的继续发展，一些原生生物发展为依靠细胞内叶绿体的光合作用为自己的生存提供能量，最早的植物也就随之诞生；另一些没有叶绿体的原生生物则继续像许多原核生物一样直接吞噬周围的物质为自己所用——这个过程中，通过主动捕获食物获取能量的单细胞原生生物逐渐演化为多细胞的动物。

动物

能移动

具有头、躯干、尾等结构

通过捕食获得养分（异养型）

通过体表和肛门排出废物

具有神经系统

冷知识

软真核生物的核膜、内质网、高尔基体等都是由原核生物细胞的质膜内折凹陷而来，科学家称之为膜内折。

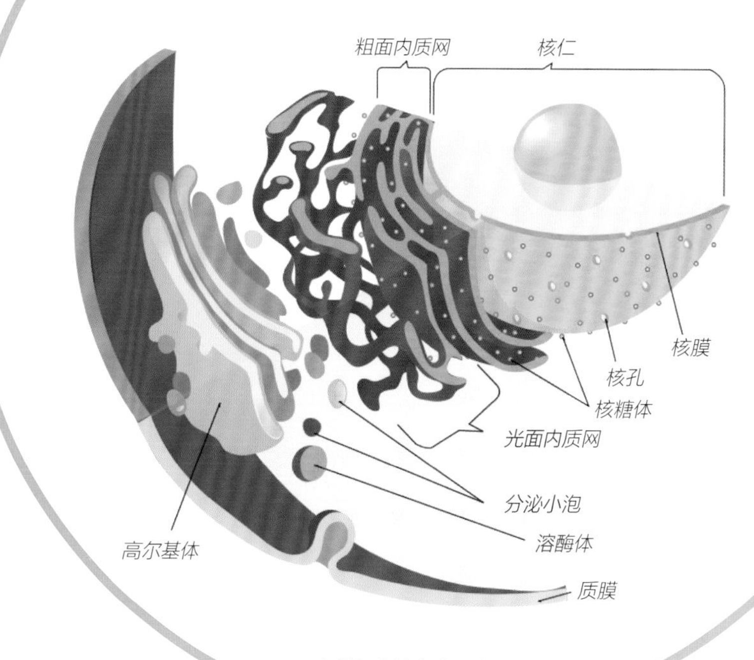

真核细胞的内膜系统

在真核细胞中，平均每个细胞里有300~400个线粒体。整个人体内大约有1亿亿个线粒体。

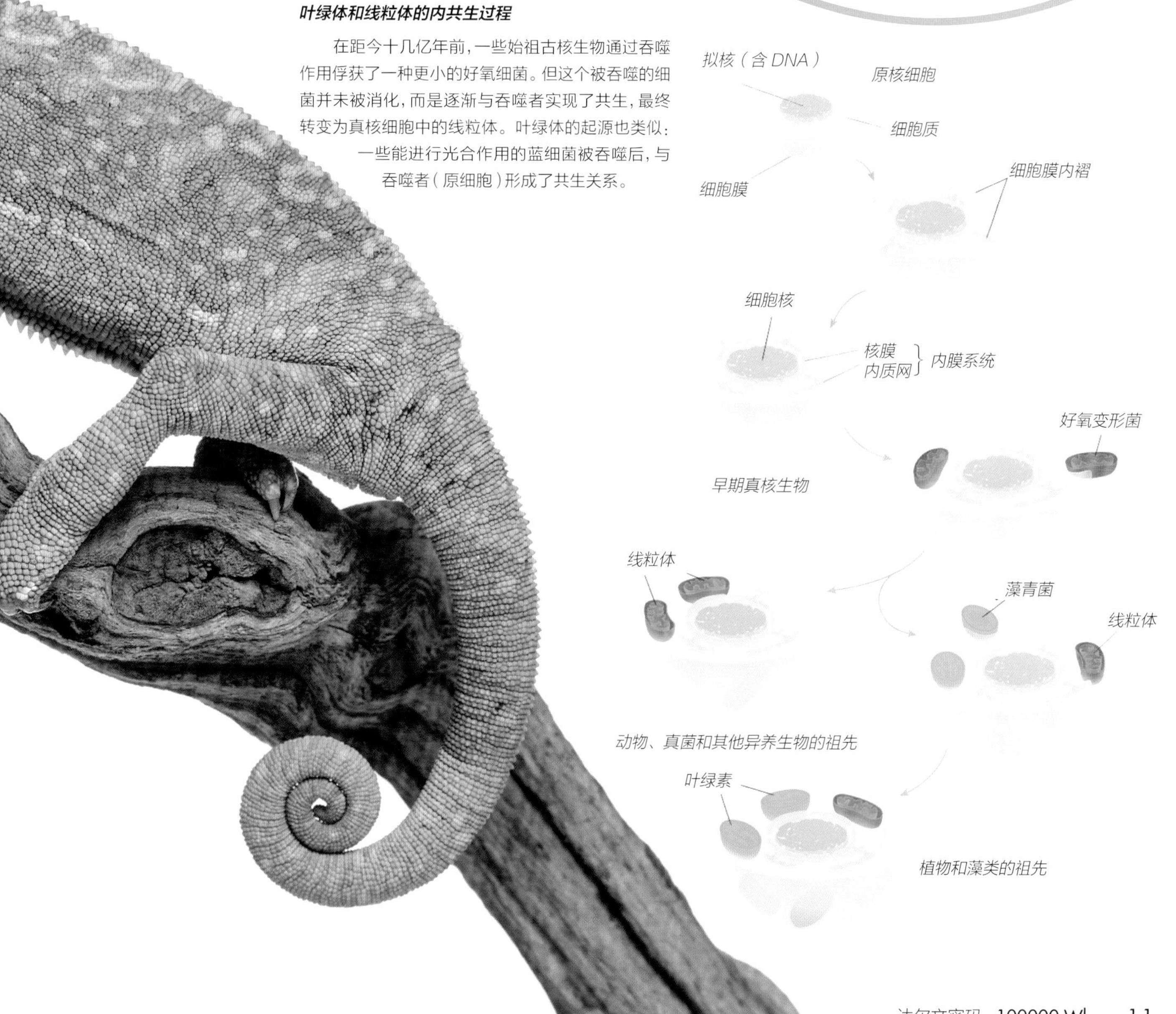

叶绿体和线粒体的内共生过程

在距今十几亿年前，一些始祖古核生物通过吞噬作用俘获了一种更小的好氧细菌。但这个被吞噬的细菌并未被消化，而是逐渐与吞噬者实现了共生，最终转变为真核细胞中的线粒体。叶绿体的起源也类似：一些能进行光合作用的蓝细菌被吞噬后，与吞噬者（原细胞）形成了共生关系。

生物是一个接一个出现的吗?

生命诞生之后，一直缓慢地演化着……突然，一场生命大爆发来了，一系列生物“集群出现”！

什么是生命大爆发?

生命大爆发也被称为寒武纪大爆发，这也就指明了这次事件出现的时间——古生代的寒武纪。之所以被称为大爆发，是因为在距今 5.41 亿年前的寒武纪开始后的 2000 万至 2500 万年间，包括我们现在所认知的动物世界中“门”一级的单位都在这一时期集中出现。正是因为在短时间出现了如此高的生物演化的多样性，科学家形象地称呼这一事件为大爆发。

欧巴宾海蝎是寒武纪大爆发出现的众多生物之一

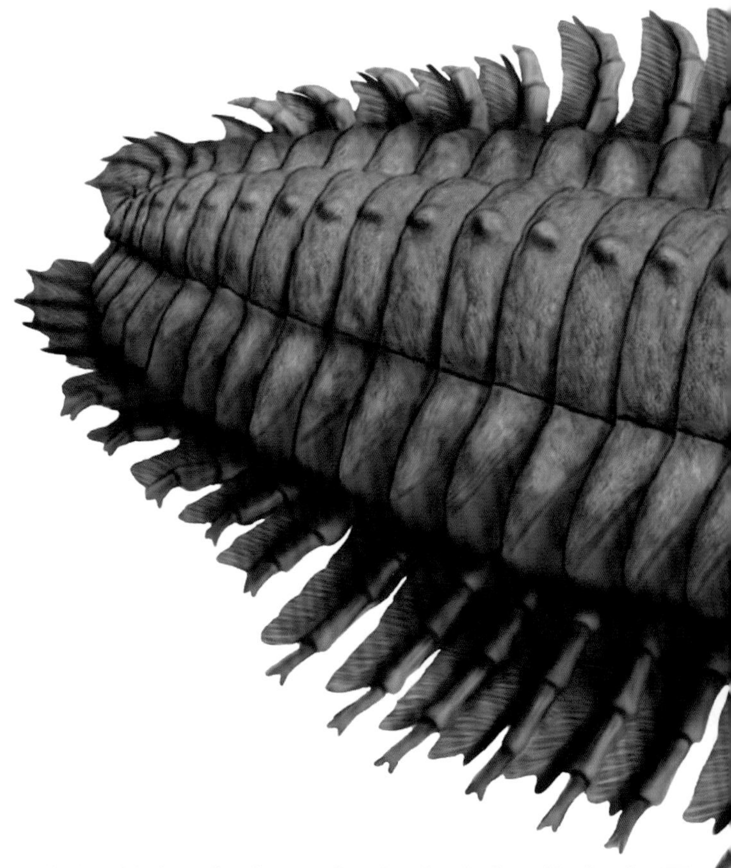

大爆发之前的生命世界是怎样的?

距今 5.8 亿年前，地球上开始出现了一系列多细胞生物，最具代表性的是发现于澳大利亚的埃迪卡拉生物群。它们约有 30 种，其中不少身体呈现管状或叶状。科学家认为这些动物分属刺胞动物门、环节动物门和节肢动物门，这就是地球上最早出现的三个多细胞动物类群。这些生物在距今 5.42 亿年前突然灭绝了。

埃迪卡拉生物群的物种多成叶状

我们的祖先也是在生命大爆发中出现的吗?

在澄江生物群中，有一个被称为云南虫的不起眼的物种。它们的身体侧扁，两侧对称，体长 3~5 厘米。在它们身上，第一次出现了一条纵贯身体的脊索结构。所以，云南虫有可能是最早出现的脊索动物，是包括人类在内的脊椎动物的祖先之一。除此之外，在澄江生物群中，还有身体明显分为头部和躯干部、结构更进步的昆明鱼和海口鱼。科学家认为，它们应该是原始的无颌鱼类——最早的脊椎动物。

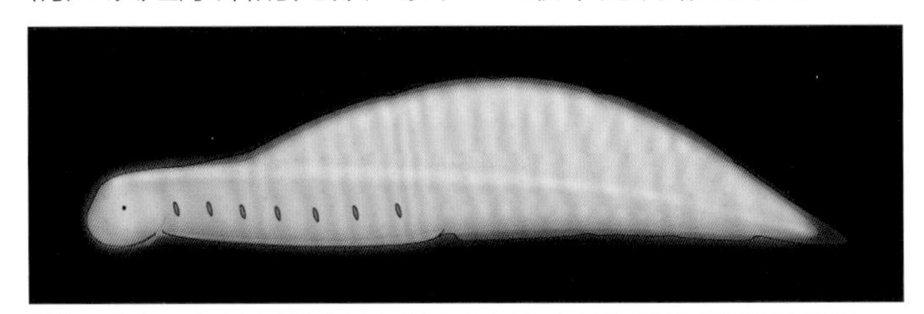
铅色云南虫，由中国科学家侯先光于 1984 年在云南省澄江县帽天山发现

寒武纪大爆发之前有哪些著名生物?

澳大利亚发现的狄更逊水母化石

在寒武纪大爆发之前最著名的埃迪卡拉生物群中，狄更逊水母类群是最有代表性的生物。它们的身体全身分节，体长从数毫米至 1 米不等，大致呈两侧对称，外形则为圆形。它们的分类地位还不是很明朗，多数研究者认为它们属于刺胞动物。别小看这类不起眼的生物，它们被认为是迄今已知最早的复杂多细胞生物。中国贵州瓮安生物群中的贵州小春虫也是这一时代的标志性物种。小春虫的体长虽然只有 0.1~0.2 毫米，但它们两侧对称的身体清晰可见。所以，小春虫被认为是最为古老的两侧对称动物。如今，绝大多数动物都是两侧对称的。

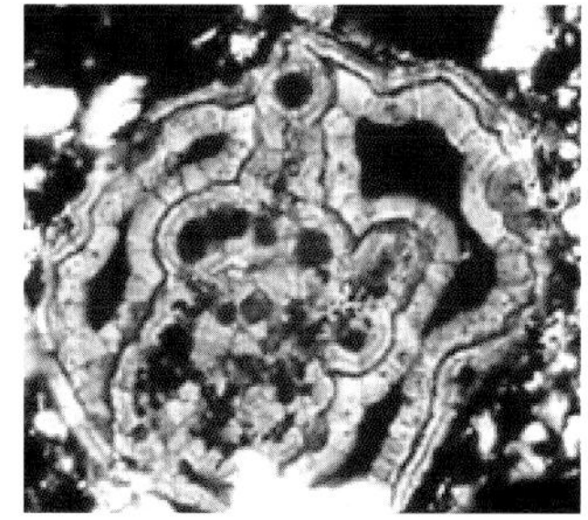

贵州小春虫的化石

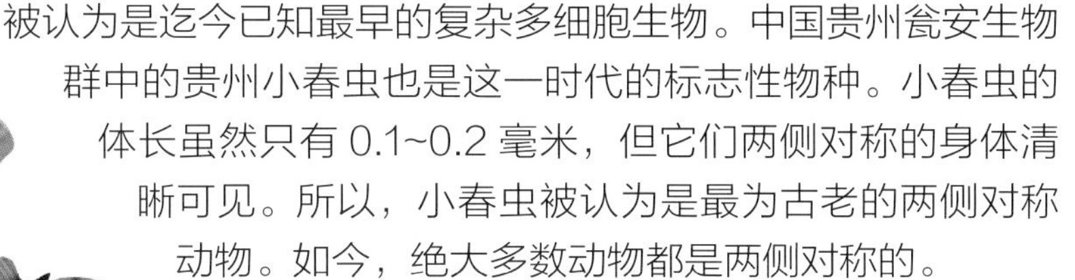

奇虾巨大的复眼估计由约 *16 000* 个小眼组成。

冷知识

除了中国云南的澄江生物群，距今 5.05 亿年前的加拿大的伯吉斯生物群、距今 5.2 亿年前的中国贵州的凯里生物群也是寒武纪生命大爆发的典型代表。

寒武纪大爆发中产生了哪些动物明星?

寒武纪伊始，突然涌现出一批各不相同的生物类群，正是这些生物类群奠定之后数亿年的生命演化之路。发现于中国云南的澄江生物群就是寒武纪生命大爆发最直接的证据，其中众多不同种类的生物都在距今约 5.20 亿到 5.25 亿年这一短暂的时间内同时出现。澄江生物群共发现了 16 个门类约 200 个物种化石，其中包括藻类、海绵动物、刺胞动物、鳃曳动物等众多“门”这一级别的动物类群，还有一些分类位置不明的生物。澄江生物群中，最著名的莫过于当时的顶级捕食者奇虾，它们和同时发现的三叶虫、抚仙湖虫同属节肢动物。此外，属于叶足动物的怪诞虫也让人印象深刻。

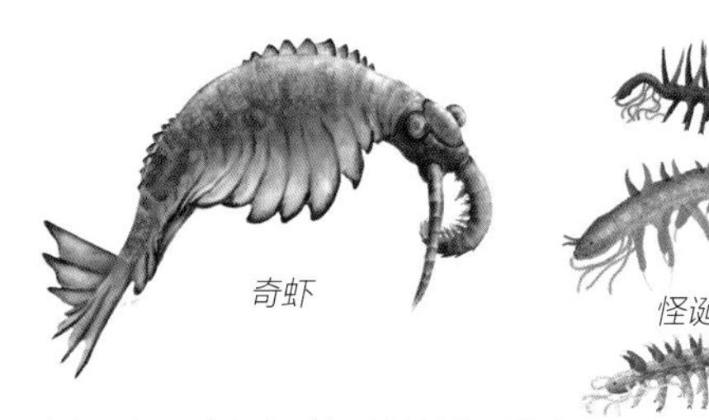

奇虾和怪诞虫是寒武纪生物的典型代表

奇虾的体长大约 *1* 米，远远大于同时代的生物。因此，奇虾是寒武纪最凶悍的捕食者。

生物的眼睛如何演化？

眼睛的演化可以总结为四个阶段：第一阶段，多细胞动物的身体前端一些区域集中出现了一些对光敏感的细胞，形成了眼点；第二阶段，眼点向内侧凹陷或外凸；第三阶段，眼睛内凹的开口变得越来越小，满足了小孔成像的条件，位于眼底的感光细胞逐渐能感受到物体的影像，而感光细胞层的前部也出现充满了水的球形空腔；第四阶段，空腔演化为晶状体，光感受细胞层则演化为真正的视网膜。

鹦鹉螺的眼睛很小，才针孔般大小

早期生命如何感受外界刺激？

科学家发现，单细胞生物能够直接通过传感器蛋白来感受外界刺激，判断环境中的营养物质含量，感知有害化学刺激，从而趋利避害；还有一些能够用光敏蛋白感受光波的强弱，甚至还有一些细菌含有铁元素，能够感受磁场。所以，原核生物其实是通过磁场、电磁波和化学反应来驱动行动方向的。

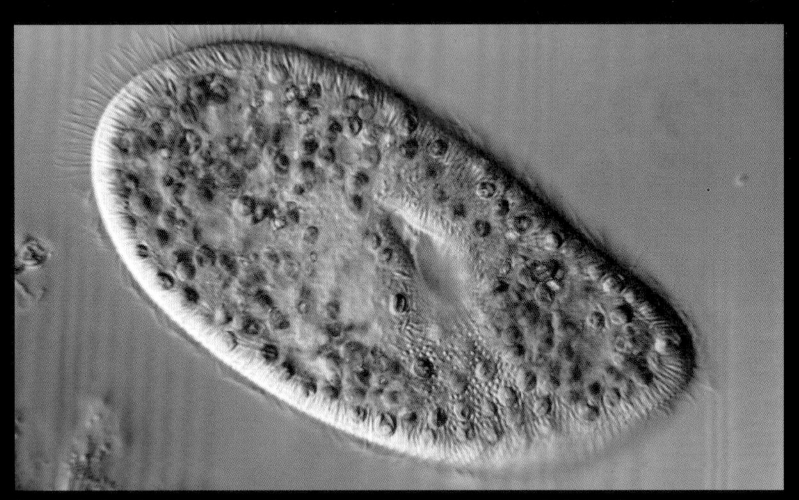

单细胞的草履虫（色藻界纤毛虫门）具有趋利避害行为，这是生物的本能

生活在5亿年前的奇虾拥有15 000个小眼组成的复眼。

为什么需要眼睛？

要想知道为什么需要眼睛，我们得首先想想眼睛有什么用。眼睛当然是用来看东西的。但是，最早的眼睛为什么会被发展为“看”？其实，这就和趋光性有关了。因为光对于光合作用至关重要，所以当生命演化到真核生物阶段，一些具有叶绿体的原生生物开始在身体的一端演化出现名为“眼点”的结构。

通过对现有原生生物的研究，科学家发现眼点具有感光性，能帮助这些单细胞真核生物判断方向。从而帮助它们趋利避害，在此基础上，眼睛开始逐渐形成。

三叶虫具有向外凸起的眼睛

早期眼睛什么样？

有些种类的原生生物细胞前端常有一个呈球状、卵状或杆状的红色眼点。一些原生生物的眼点其实不具备感光性，纯粹是用来挡光的——这可让细胞知道哪里有光，从而判断光源。例如，眼虫的鞭毛基部都有一个明显的红色眼点，而靠近眼点近鞭毛基部则有个膨大的部分称为光感受器，能接受光线。光要到达光感受器，有一部分就被眼点挡住，光感受器也就知道了光源的方向。所以，单细胞生物的眼点就是最早的“雏形眼”。

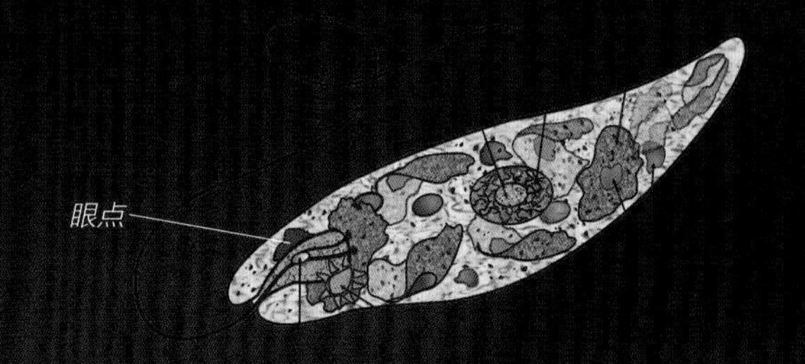

人类的每只眼球内部约有1.07亿个对光线敏感的细胞。

冷知识

人类眼球中有大量的神经，所以眼睛也会怕热、怕冷、怕疼。

人类眼睛的视网膜上有一块盲区，你之所以感觉不到，那是因为大脑在处理图像时填补了那一块。

复眼是什么?

包括昆虫在内的节肢动物的眼睛是复眼：将感光细胞集中的区域作为一个眼睛，一个不够再加一个，最终形成了数千个小眼排列在一起的复眼。

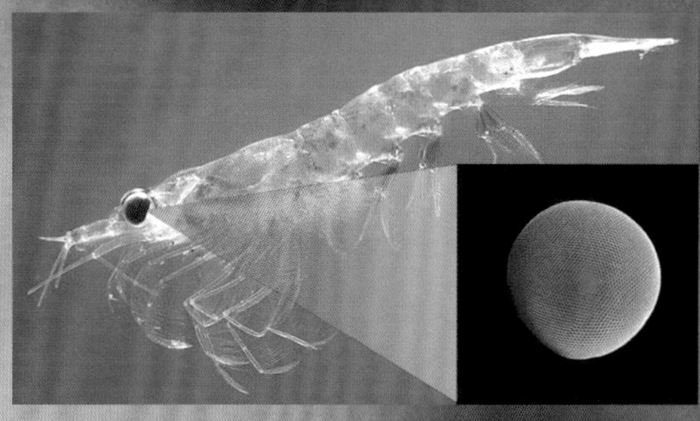

南极磷虾的复眼

蜻蜓或天蛾的复眼中有多达3万个单眼。

为什么有些动物没有眼睛?

眼睛与光线密不可分，但假如环境中一点光线也没有呢？这就是生活在洞穴中或者泥土下的动物所面临的世界。在演化过程中，这些动物的眼睛逐渐失去功能、不断退化。其代表不胜枚举，例如许多洞穴昆虫、甲壳类、鱼类和两栖类。一些在终年黑暗的深海地区生活的一些鱼类、甲壳类和蠕虫类，眼睛也会退化或消失。

生活在地下的星鼻鼹鼠的眼几乎完全退化，靠鼻子上的触须感知环境

从游到爬

谁是第一个登陆者？

地球生命最初是在海洋中诞生的。而要说到第一个登陆者，那就是由藻类和真菌共生形成的地衣。它们是生命世界的登陆先锋。

植物和动物谁先登陆？

植物比动物更早登陆。苔藓植物先行一步在陆地上湿润的环境中站稳脚跟。而随后而来的维管植物演化出真正能够将水分从地表输送到高处的茎，从而摆脱了半水生环境的束缚。这时的地球处于距今 4.75 亿年前的古生代奥陶纪中奥陶世。而到了之后距今 4.3 亿年前的志留纪，地球的陆地上终于有了库克逊蕨这样的大型维管植物。陆地从此逐渐被植物所覆盖，转变为绿色。

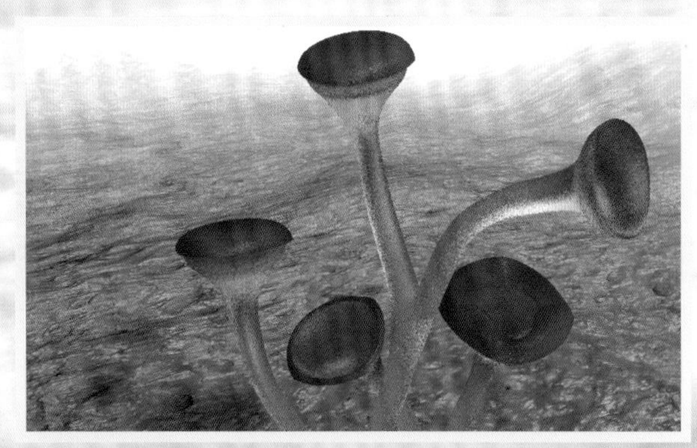

库克逊蕨是已灭绝的陆生维管植物

哪种动物最早登陆？

随着植物逐渐占据地表，陆地生存环境被大幅改善。完全适应陆地生活的蜘蛛等蛛形类，以及马陆、蜈蚣等多足类，还有昆虫等，在距今 4 亿多年的志留纪开始占据陆地。

生活在 4.28 亿年前的一种多足纲动物

冷知识

维管植物包括蕨类植物和种子植物，种子植物又分为裸子植物和被子植物。

提塔利克鱼被发现于加拿大，其名字来源于当地原住民的因纽特语，意为“江鳕”——这是一种与鳕鱼有亲缘关系的淡水鱼类。

脊椎动物何时登陆？

不同类型的肉鳍鱼类在距今 3.5 亿年前的泥盆纪晚期开始尝试登陆。脊椎动物的骨骼在身体内部，体表只有相对柔弱的皮肤。所以如何维持皮肤的水分、如何从陆地上的空气中摄取氧气、如何在缺少水体浮力的情况下支撑身体，成为早期陆生脊椎动物面临的主要问题。

腔棘鱼是肉鳍鱼中的一大类，人们本以为它们已在白垩纪末灭绝，1938 年它们在南非重现

最早的四足动物是谁？

两栖动物、爬行动物、鸟类和哺乳动物都可被归为四足动物。但从水生的鱼类演化到陆生的四足动物并非易事。科学家在加拿大距今 3.75 亿年前的地层中发现了一种被命名为提塔利克鱼的奇特动物。整体上，它们像一条长着大大扁头的鱼，但其鱼鳍却具有原始的腕骨和趾头。虽然提塔利克鱼可能无法行走，但科学家认为它们至少可以将自己的身体支撑起来。提塔利克鱼被认为是介于鱼类和四足动物的过渡物种。

距今 3.65 亿年前，真正的四足动物——鱼石螈出现了。它们虽然还不是真正的两栖动物，而且可能仍然只是在浅水中生活，但已经具备能够在陆地生活的肺和四肢了。

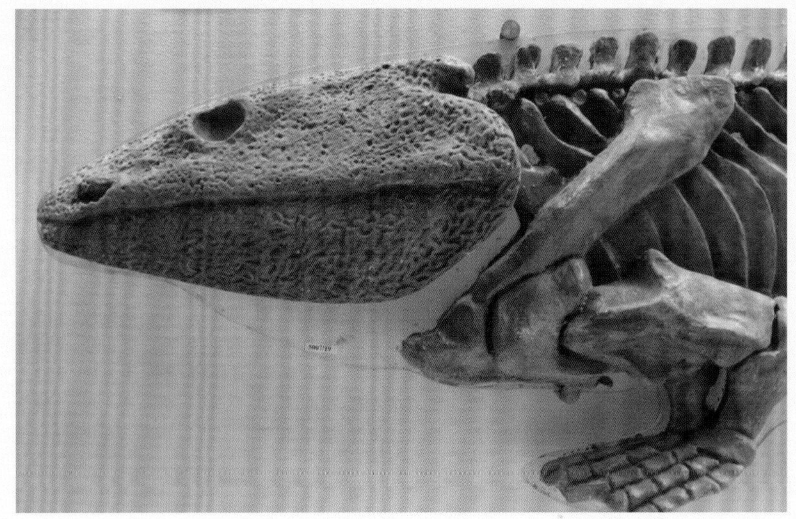

鱼石螈化石

鱼石螈体长约 *1.5* 米，它们的后肢有 *7* 个趾头，前肢的趾数则并不确定。

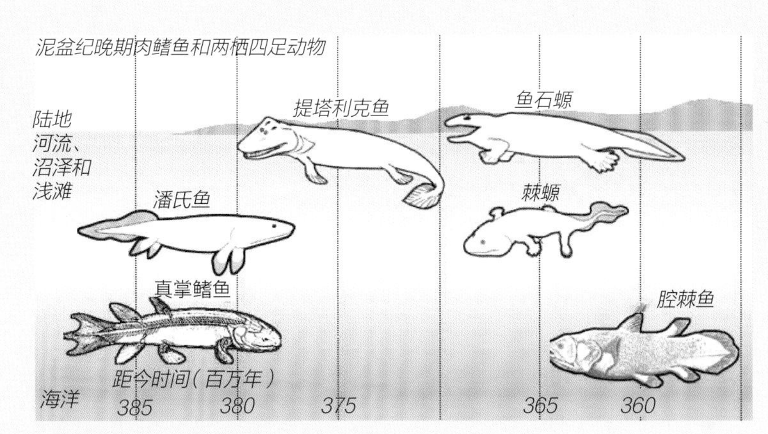

潘氏鱼：适合在淤泥浅滩中生活

提塔利克鱼：鱼鳍类似四足动物的脚，能使其走上陆地

鱼石螈：具备四足

棘螈：四足各有八趾

脊椎动物是如何上岸的?

鱼是最古老的脊椎动物，陆地动物都是由它们演化而来。那么，我们的祖先是如何从鱼鳍演化出四足，再在陆地上生活的呢?

鱼类家族都有哪些成员?

鱼类是众多水生脊椎动物的通称。目前的鱼类可分成三大类：以盲鳗、七鳃鳗为代表的圆口纲，种类有一百多种；以鲨鱼、鳐鱼为代表的软骨鱼纲，种类为 1000 种左右；我们最熟悉的鲤鱼、鲈鱼等都是硬骨鱼纲的代表，它们为数众多，种类超过 3.1 万种，是鱼类家族的主体。

鱼鳍有什么用?

鳍是鱼类重要的运动器官，能够帮助它们在水中游泳，并保持身体平衡。大多数的鱼类通常一边左右扭动身体，一边摆动尾鳍，从而产生推力向前运动。少数鱼类会用胸鳍、腹鳍等的运动直接产生推力。

剑鱼是游速最快的鱼之一，最快可达 100 千米/时

鱼鳍有哪些类型？

仔细观察一条鱼，你会发现它们有很多鳍。不同的鱼类，鱼鳍的形态和数目都不太一样，但总体上可以分成两大类：成对分布于身体两侧的偶鳍和沿着身体正中线分布的不成对的奇鳍，偶鳍包括胸鳍和腹鳍，奇鳍包括背鳍、尾鳍和臀鳍。

哪一类鱼登上了陆地？

辐鳍鱼是硬骨鱼，它们的鱼鳍由鳍条支撑而成，形成放射状。我们熟知的绝大多数鱼都属于辐鳍鱼。

与辐鳍鱼对应的另外一类鱼叫作肉鳍鱼。它们的鱼鳍中央有一系列骨骼支撑，周围还附着了肌肉，至于那些与辐鳍鱼类似的鳍条结构都在鳍的末端。如果按照最新的分类学把肉鳍鱼继续细分的话，它们可以划分为腔棘鱼纲和肺鱼四足纲。正是肺鱼四足纲中的四足形亚纲动物的胸鳍和腹鳍成功演化为了前足和后足，为后来四足动物的登陆创造了基础。

狮子鱼（蓑鲉）是一类辐鳍鱼，其部分鳍特化成毒刺

肺鱼是一类肉鳍鱼

四肢是鱼鳍变的吗？

在古生代的泥盆纪，为了克服在淡水环境中生存时，水源周期性缺失和环境干燥问题，许多肉鳍鱼类的鱼鳔演化出原始肺的功能，从而能够直接呼吸空气中的氧气。属于肺鱼四足纲的肺鱼类将这一特点发挥得淋漓尽致，它们甚至会在缺水时钻进泥土中生存。腔棘鱼类和四足形类则利用肌肉发达的肉叶状偶鳍支撑身体爬行，这能够帮助它们在不同水域之间短暂转移。可以说，这些鱼类已经有了“脚”，但还没上岸。最终，四足形类的鳍开始向真正的四肢演化，形成了真正的陆生动物。

冷知识

有科学家认为：鱼鳍起源于鳃后面鱼体表皮横向或纵向的褶皱，有的则认为鱼鳍的起源与鳃弓有关。

西印度洋矛尾鱼又叫东非矛尾鱼，它们还有一个俗名叫拉蒂曼鱼，这来源于其命名者。1938 年人们发现它们之前，以为腔棘鱼类早就灭绝了。

提塔利克鱼是生存于泥盆纪晚期的高等肉鳍鱼，是鱼类与两栖动物的过渡物种

如今还有鱼会用鱼鳍“走路”吗？

其实，不少现生鱼类也会利用鱼鳍“走路”。例如，属于辐鳍鱼类的鮟鱇目中，有一类躄(bì)鱼可借助胸鳍和腹鳍行走。躄鱼科的鱼类能如此行动的关键在于它们已经骨化的鳍条。除此之外，鲉形目鲂鮄科的鱼类能够利用胸鳍下方 2~3 个游离的鳍条在海底匍匐移动。这几个游离的鳍条看起来就像是虾蟹的附肢，看起来十分怪异。另外，鲽鲆类的比目鱼也可以直接用背鳍和臀鳍匍匐前进。

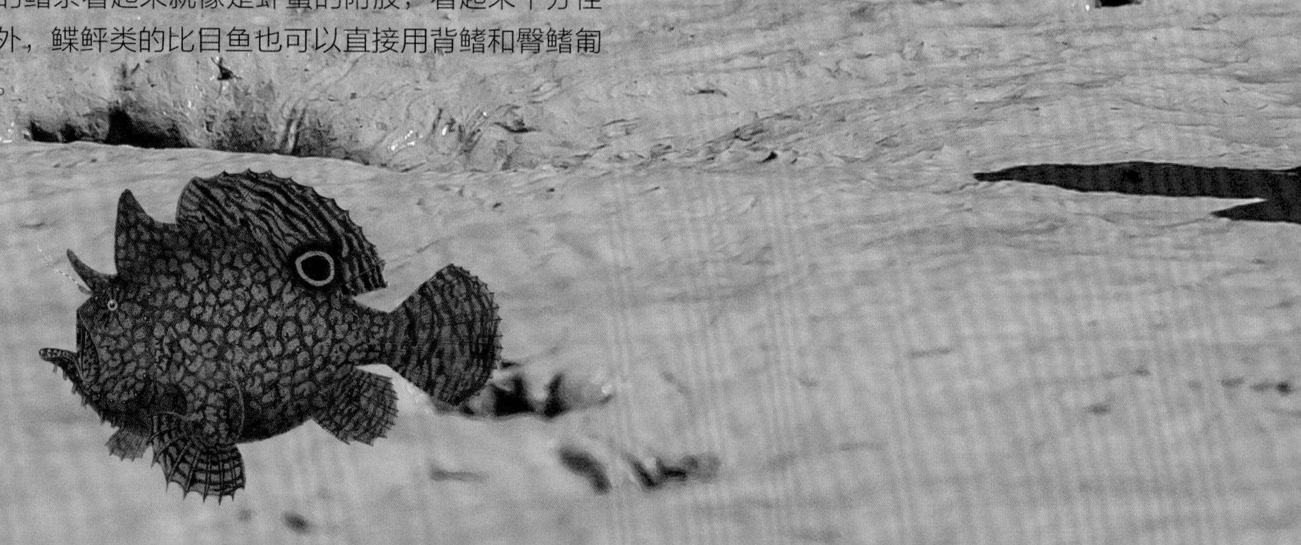

移动缓慢的躄鱼通常栖息于海床上，它们会在身上覆盖伪装物待猎物靠近后再捕食

现在还有肉鳍鱼类吗？

肉鳍鱼类自从在距今 4.23 亿年前的志留纪晚期出现以来，一直面临着辐鳍鱼类的激烈竞争。在真正的水生环境中，它们现存不多，只有西印度洋矛尾鱼和印尼矛尾鱼两种残存至今。为了避免竞争，它们的生活环境早已转变为深海，不复当年肉鳍鱼类之勇。另外，在肺鱼四足纲中，还有澳洲肺鱼、美洲肺鱼、非洲肺鱼三类残存。不过，它们已经不具备依靠肉鳍爬行的能力——它们的肉鳍早已呈现不同程度的退化。

西印度洋矛尾鱼分布在东非沿海

在岸上爬动的弹涂鱼

在潮间带生活的那些弹涂鱼，也可以利用胸鳍在泥潭地上匍匐，就像重演鱼类登陆的景象一般。

矛尾鱼一般生活在200~400米深的海水中，寿命为80~100岁。

两栖动物是鱼变来的吗？

在如今的地球上，无论是蛙类还是蝾螈，除了幼体阶段的蝌蚪与鱼类有几分相似外，成体形象与我们所熟知的鱼类可以说是相差甚远。不过，两栖动物的祖先确实和鱼有密切的关系。

冷知识

一些两栖动物演化出生成毒素的能力来自我防护，如北美洲的粗皮渍螈。

两栖动物都是食肉的。

谁是两栖动物的先祖？

两栖动物的祖先与鱼类中的肉鳍鱼类关系十分紧密。在新的分类学体系中，两栖动物的祖先属于四足形类，被归于肺鱼四足纲中的四足形亚纲。其中，最具代表性的物种是生存于泥盆纪晚期（约 3.8 亿年前）的潘氏鱼和约 3.75 亿年前的提塔利克鱼。它们的体长可达 1.5 米，能够用胸鳍支撑着身体爬到陆地上。它们的头部也不像典型的鱼类，而是更像两栖类。

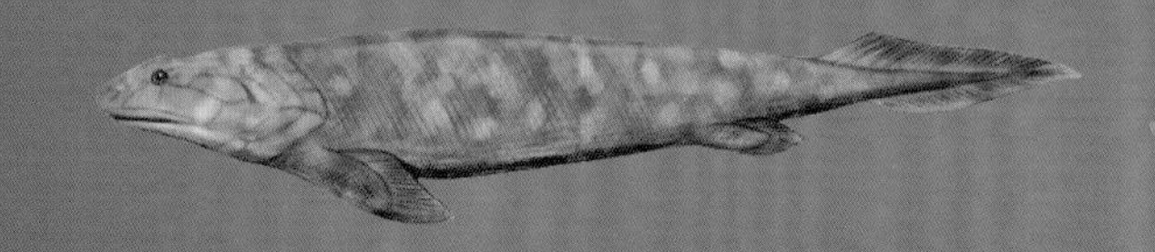

潘氏鱼化石在拉脱维亚被发现，它们是肉鳍鱼类与早期两栖类之间的过渡物种

两栖动物的祖先是如何生活的？

对于像棘螈和鱼石螈这样的两栖动物祖先而言，虽然长了四肢，但前肢还没有形成腕部，肘位也不能向前弯曲、不能受力。所以，科学家估计它们的四肢更适合在浅水环境中划水。同时，为了能够在没有浮力的陆地上喘息，它们演化出了坚实的胸腔及脊柱来支撑身体。所以科学家推测它们与现生的海豹类似：大部分时间在水中摄食和繁殖，偶尔到陆地上休息。

棘螈体长约 60 厘米，每只脚上有八趾，趾间有蹼

目前地球上的两栖动物种类约有 8000 种。
现存的蛙类（包括蟾蜍）约有 4800 种。

逐渐衰落的两栖类

虽然两栖动物曾显赫一时，但由于食性较为单一，在水中生活时对各种水体的适应性不如真正的鱼类，在陆地生活时生存能力又逊于后起的爬行动物、鸟类和哺乳动物等，所以自中生代以来，两栖动物一直在逐渐衰落。

中国大鲵是现存两栖类中体型最大的，最大可达 1.8 米，重 30 千克

两栖动物何时诞生?

真正的两栖动物（离片椎类）出现于距今 3.3 亿年前的石炭纪早期。随后，这一类群从半水生生活演化出了一些能够完全适应陆地生活的种类。而到了二叠纪中晚期，离片椎类生物已经完全主宰了陆地上的淡水生态系统，是淡水和陆地上的顶级捕食者。它们中许多种类又重新适应了完全水生的生活，四肢变得细小乃至退化，头颅骨变得大而扁平，眼睛向上——就像后来的鳄类一般，成为浅水中的伏击捕食者。进入中生代的三叠纪早期，地球上依旧有大型离片椎类两栖动物生存，例如颅骨超过 1 米，体长 4~5 米的虾蟆螈。

两栖类的皮肤为什么湿漉漉?

滑体亚纲是两栖动物中唯一存活至今的类群，包括无足目、有尾目和无尾目。无足目动物的外形十分独特，四肢完全退化了，看起来就像是蚯蚓或者蛇。分布于中国云南、广西和广东的版纳鱼螈就是典型的无足目动物。有尾目包括各种蝾螈、大鲵和小鲵。无尾目是我们最熟悉的两栖动物,包括各种青蛙与蟾蜍。

现存的两栖动物除了用肺呼吸外，大多数都保留了用湿润皮肤来辅助呼吸的能力。所以，我们常常看到包括青蛙在内的许多两栖类都是浑身湿漉漉的。

生活在北美的火焰蝾螈，肢体被切断后能够长出新的

爬行动物只会爬吗?

爬行动物可不只会爬行，还有会飞的，会游泳的……与恐龙一同生活在中生代的众多翼龙就是会飞的爬行动物。那时，还有生存在水中的鱼龙类、鳍龙类（包括大名鼎鼎的幻龙、蛇颈龙和上龙等）等爬行动物，还有白垩纪晚期崛起的沧龙类。

有不爬行的爬行动物吗?

三叠纪的幻龙是半海生动物，它们可能过着类似现代海豹的生活

恐龙可以说是最典型的“不爬行”的爬行动物。恐龙的四肢位于躯干正下方，无论是四足还是双足行走，它们的腿都垂直于身体。所以，恐龙能够高效地行走和奔跑，而不是“爬行”前进。

四足行走的蜥脚类恐龙

截至目前，人类总共命名的恐龙种类约 1000 种。

为什么叫爬行动物?

爬行纲的拉丁名称“Repere”就是“爬行”的意思。因为人们在命名爬行动物这个类群时，熟知的此类动物都是以“爬行”作为主要行动方式的。无论是龟鳖、蜥蜴还是鳄类，它们的四肢都并非位于身体的正下方，而是从身体两边外侧延伸。所以在行动时，它们的腹部距离地面不远，只能以匍匐的形式行进，更不要说没有四肢的蛇类了。

角蝰呈 S 形向前滑行

冷知识

并非所有的爬行动物都是通过下蛋产生后代，鱼龙等高度适应水中生活的爬行动物就是以胎生的方式直接产下后代。目前，也有不少蛇类以卵胎生的方式直接产下小蛇。

爬行动物是什么时候出现的？

爬行动物早在距今 3 亿多年前的古生代石炭纪晚期就已经出现了。随后，它们演化出许多不同的类群，典型的代表就是恐龙。而在恐龙时代之前的古生代晚期，还有以异齿龙、基龙为代表的与哺乳动物联系很紧的爬行动物类群，在新的分类学观点中，人们称呼它们为合弓纲，而把其他爬行动物称为蜥形纲。

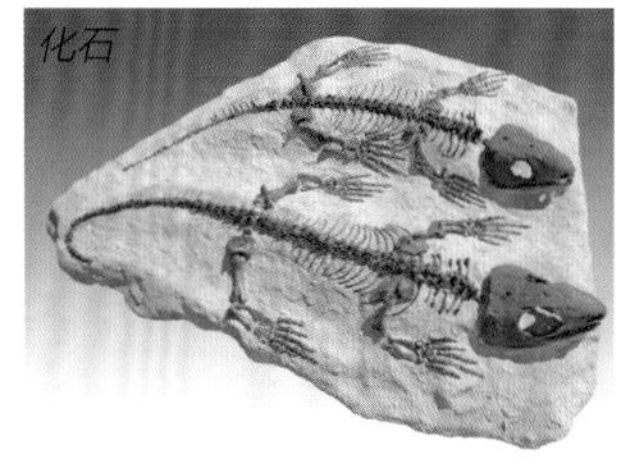

生存于二叠纪时期的大鼻龙

现存的爬行动物都有谁？

爬行动物是爬行纲动物的通称。由于白垩纪末期的大灭绝事件，包括绝大多数恐龙在内的众多爬行动物永远地消失了。现存的爬行动物只剩下四个主要类别：龟鳖目、喙头蜥目、有鳞目和鳄目。有鳞目所包括的就是我们熟悉的蜥蜴和蛇类。

现存爬行动物的种类超过 *8000* 种，数量最多的是有鳞目的蜥蜴以及蛇，约有 *7900* 种，接下来是各种龟鳖，约有 *300* 种，鳄类有 *24* 种。生存在新西兰的喙头蜥类只有 *2* 种。

现存的爬行动物包括龟鳖类、鳄类、蛇类、蜥蜴类等

远古巨兽

恐龙从哪儿来？

在地球的演化史上，古生物的体型开始都很小……突然，庞大的恐龙出现了，它们到底是从哪儿来的呢？和地球上所有生物一样，它们经历了漫长的演化过程。恐龙的祖先体型也很小，然后才慢慢变大。

恐龙最兴盛时，占据陆地动物群的50%~90%。

恐龙的祖先是谁？

在三叠纪中期的地层中，虽然恐龙还没出现，但古生物学家发现了一些类似恐龙的动物——鸟跖类。与其他同时代的爬行动物不同的是，鸟跖类动物发展出一项特别的身体结构：四肢位于身体下方，而不是两侧。这使得它们能以完全直立的姿势站立行进，直立的步态还可以使它们在快速运动的同时进行呼吸，从而进一步加强了行动的敏捷性。它们就是恐龙的祖先。

斯克列罗龙是一种典型的鸟跖主龙类

恐龙曾支配地球的陆地生态系统长达1亿4000万年之久。

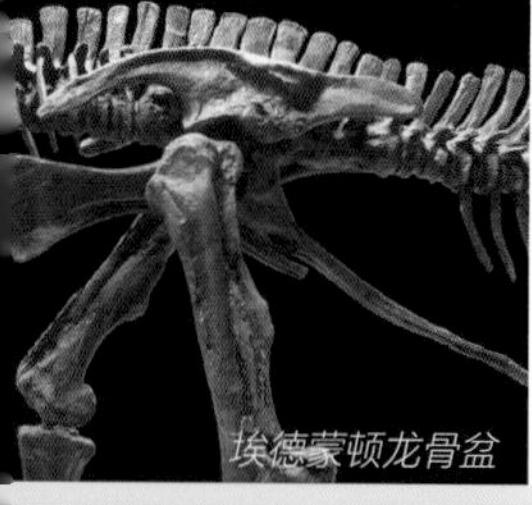

埃德蒙顿龙骨盆

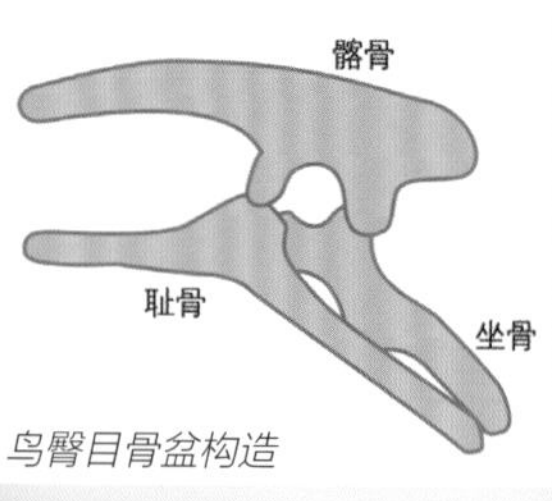

鸟臀目骨盆构造

暴龙的骨盆

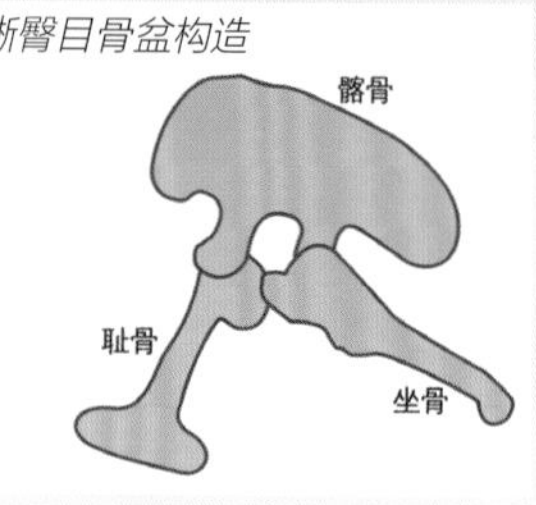

蜥臀目骨盆构造

卡尼期

中生代可以分为三个纪：三叠纪、侏罗纪和白垩纪。三叠纪又可以分为早三叠世、中三叠世和晚三叠世，晚三叠世可以再划分为卡尼期、诺里期和瑞提期。最早的恐龙出现于卡尼期，并在诺里期才逐渐占据统治地位。

恐龙出现即王者吗？

劳氏鳄的化石最早在巴西被发现，它们是三叠纪晚期的顶级捕食者

在地质历史上，古生代和中生代的分界线是二叠纪和三叠纪之间的物种大灭绝。这次大灭绝也是地球历史上五次大灭绝中最为恐怖的一次，接近 95% 的物种都在这次灭绝中消失了。所以当地球进入中生代的三叠纪，各个区域的生态系统和其中的动植物都经历了大洗牌。这个时候，动物世界的竞争尤为激烈。待恐龙在三叠纪晚期出现时，陆地上已经充满了竞争对手，例如坚蜥目、劳氏鳄类、鸟鳄科、喙头龙目等原始的主龙形下纲动物，同时还有二齿兽下目与犬齿兽亚目等众多兽孔目动物。它们都具有各自的生存优势，尤其是劳氏鳄，体长可达 4 米，是那个时代顶级的食肉动物。因此，早期的恐龙们还是得小心求生。

最早的恐龙——始盗龙

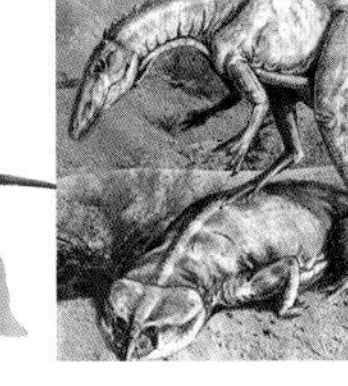

南十字龙是双足行走的小型食肉动物

哪种恐龙最先出现？

古生物学家认为在阿根廷发现的艾雷拉龙、始盗龙和南十字龙可能是最早出现的恐龙。它们生活在晚三叠世的卡尼期，距今约 2 亿 3000 万年。这几种恐龙都属于艾雷拉龙科，是双足行走的小型食肉动物。据推测，它们应该是以其他小型爬行动物和节肢动物为食。

恐龙如何分类？

当恐龙躲过了三叠纪末的大灭绝迎来侏罗纪后，它们开始真正走向成功。从这时起，蜥臀目和鸟臀目作为恐龙的两大类齐头并进，分别快速演化出一系列体型和形态各异的物种，基本上完全占据了当时的陆地生态系统。

鸟臀目发展出一系列装甲类恐龙，演化出剑龙亚目和甲龙亚目，将装甲发展到极致；同时，鸟脚亚目的各种食草恐龙则一直是侏罗纪到白垩纪分布最广泛的食草动物；还有肿头龙亚目和角龙亚目，尤其是后者，在恐龙时代结束前曾经数量庞大，极为成功。蜥臀目的蜥脚形亚目不断演化出体型巨大的、冠绝地球史的陆地物种；兽脚亚目则不仅在恐龙时代完美地扮演了陆地生态系统顶级捕食者的角色，其中一类还成功躲过白垩纪末期的大灭绝，一直延续到今天！

数种巨型兽脚类恐龙与人类的体型比较

与恐龙同行的还有谁？

恐龙给人最大的印象就是威风凛凛、显赫一时，统治了地球的中生代，以至于这个时代被称为恐龙时代。大家常常以为这个成功的动物类群从中生代一开始就占据了统治地位。其实这个说法可不对，中生代第一个纪三叠纪刚开始的时候，恐龙甚至还没有出现呢。恐龙出现以后，还有翼龙、鱼龙、沧龙等也同时生活在地球上。

翼龙为什么不是恐龙？

在分类学中，恐龙属于蜥形纲、双孔亚纲、主龙形下纲、主龙形类、主龙类中的鸟跖类家族。在演化中，鸟跖类可不只有恐龙这个支系，另外一个成功的支系就是著名的翼龙类。它们都由其中的鸟跖主龙类演化而来。所以，翼龙不是恐龙哦！

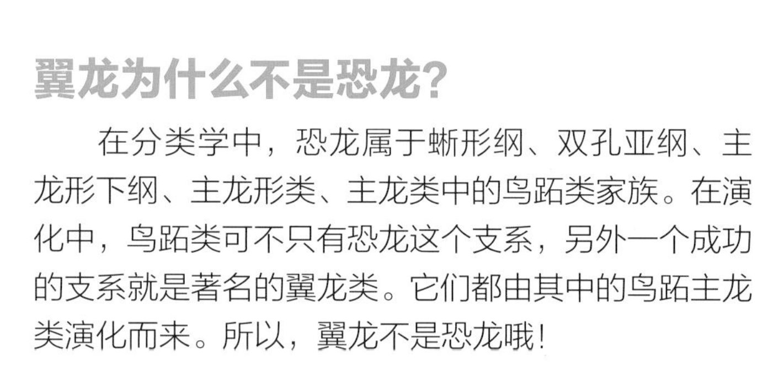

沃氏古神翼龙

帆冠雷神翼龙

皇帝雷神翼龙

巨大头冠

无齿

雷神翼龙

雷神翼龙是一类没有牙齿，有大型奇特头冠的恐龙。它们的头冠大部分是软组织，并由颅骨伸出的两根细长骨支撑。

冷知识

翼龙类有气囊，类似现代鸟类的呼吸系统。

风神翼龙的翼展超过 10 米甚至更长，站在地面上时的身高能达到近 6 米，与长颈鹿差不多。

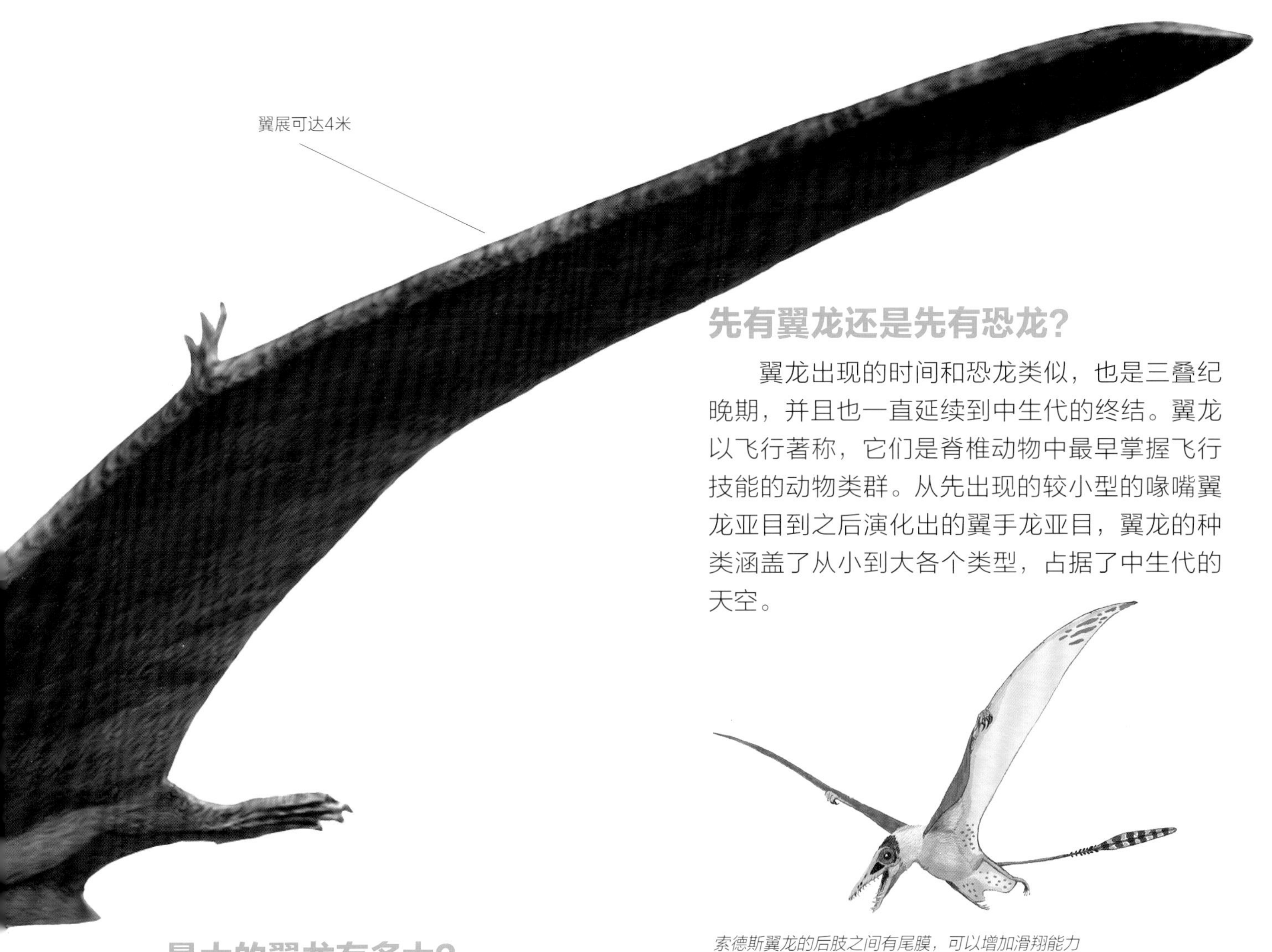

先有翼龙还是先有恐龙?

翼龙出现的时间和恐龙类似，也是三叠纪晚期，并且也一直延续到中生代的终结。翼龙以飞行著称，它们是脊椎动物中最早掌握飞行技能的动物类群。从先出现的较小型的喙嘴翼龙亚目到之后演化出的翼手龙亚目，翼龙的种类涵盖了从小到大各个类型，占据了中生代的天空。

索德斯翼龙的后肢之间有尾膜，可以增加滑翔能力

最大的翼龙有多大?

在恐龙时代的末尾，翼龙目演化出了历史上最大的飞行动物——翼展超过 10 米的风神翼龙。不过那时，因为受到恐龙家族中的鸟类所带来的激烈竞争，小型翼龙已经消失殆尽了。

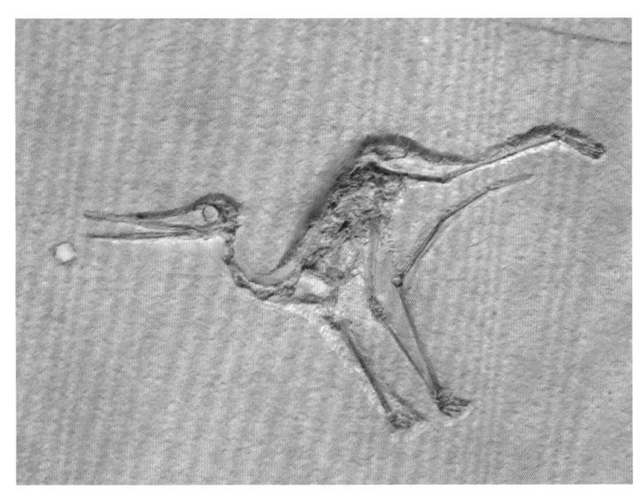

发现于德国索伦霍芬石灰岩的翼龙化石

足迹化石显示，诺氏风神翼龙采用四足方式行走

在鱼龙家族中，生存于三叠纪后期的秀尼鱼龙，体长甚至达到 21 米，是历史上最为巨大的海生爬行动物之一。

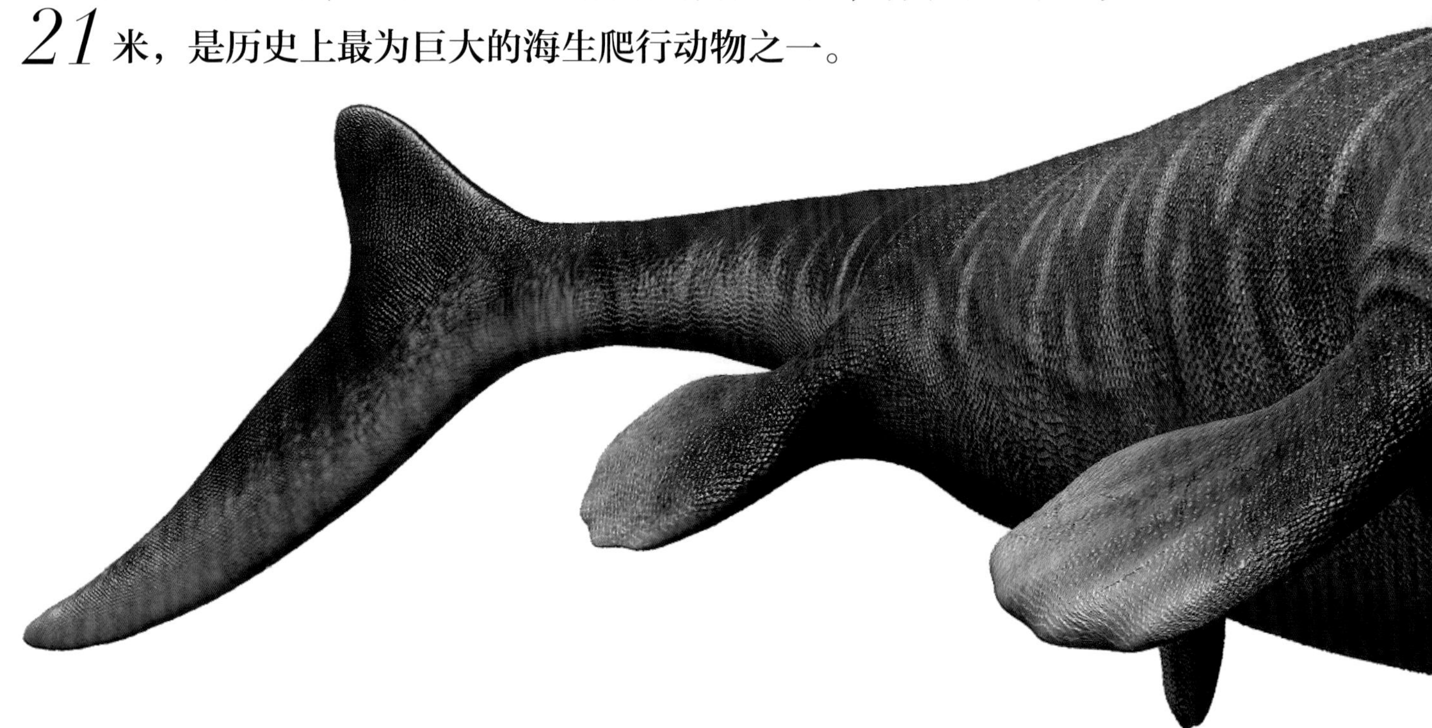

鳍龙是恐龙吗？

在中生代的水域中，恐龙从来都不是主角。无论是江河湖泊还是广袤的海洋，前前后后都有众多类型的爬行动物你方唱罢我登场。其中，统治整个水域时间最长的莫过于鳍龙类。在分类学中，鳍龙类、翼龙和恐龙同样属于主龙形下纲，但鳍龙不是主龙形类，而是属于泛龟类，也就是和一直延续至今的龟鳖类算是亲戚。

鳍龙家族谁最厉害？

鳍龙的演化分支很多，无论是鳍龙超目的早期代表幻龙目中的肿肋龙亚目和幻龙亚目，还是后期的蛇颈龙目，都是身形或灵巧或强悍的游泳捕食者。最早的鳍龙超目动物在大约 2 亿 4700 万年前三叠纪初期就已经出现了，这就是半水生的肿肋龙和在浅水区域环境生活的幻龙。不过它们在三叠纪末期的灭绝事件中都消失了，存留下来的蛇颈龙目在接下来的侏罗纪发扬光大，并一举进军海洋，快速地分化为长颈、小头的蛇颈龙类，以及短颈、大头的上龙类，大获成功。其中，上龙亚目中的滑齿龙、克柔龙体长都有 10 米以上，分别是侏罗纪和白垩纪海洋的超级捕食者。白垩纪晚期，蛇颈龙类演化出了颈部极度细长、身长超过 13 米的薄片龙，继续在海洋中占有一席之地。

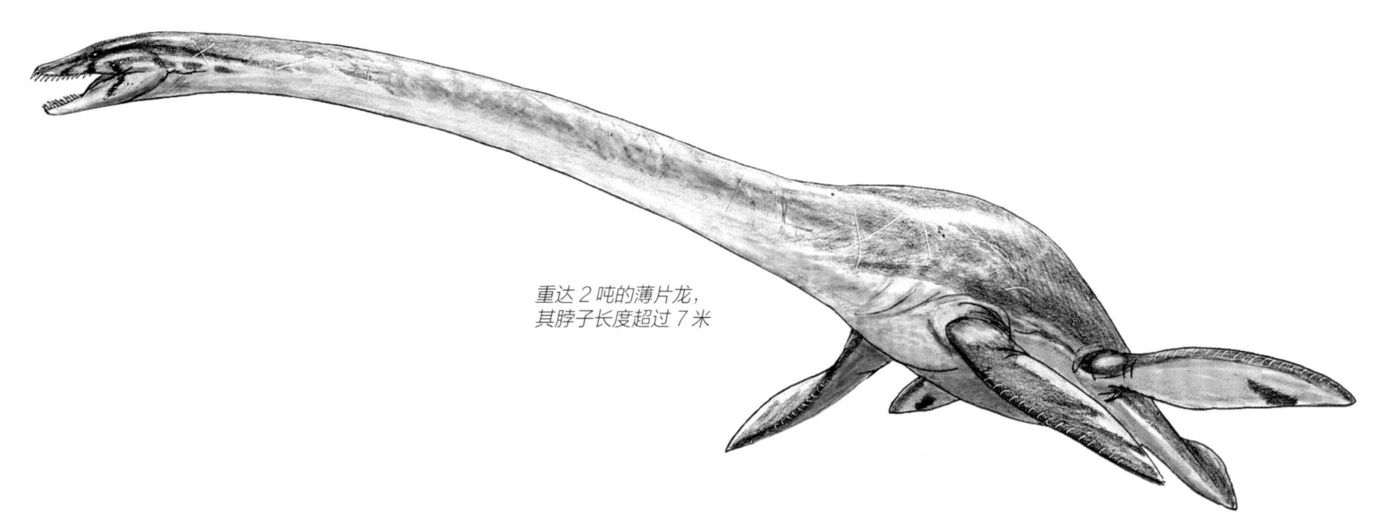

重达 2 吨的薄片龙，其脖子长度超过 7 米

沧龙是谁的祖先？

沧龙是中生代末期的一类凶猛海洋爬行动物。它们和恐龙的亲缘关系并不近，它们不属于主龙形下纲，而是属于另一个叫作鳞龙形下纲的分类阶元。这个类群至今还有大量后裔生存，那就是蛇和蜥蜴。沧龙直到白垩纪晚期才崛起，但很快就在中生代最后的 3000 万年中在全球水域急速扩张，取代了鳍龙家族中上龙类的生态位。

鱼龙是恐龙的亲戚吗？

与其他海洋爬行动物相比，鱼龙家族可谓是在身体结构适应性上做到了极致。许多鱼龙演化出了完美的流线型身体，高度适应了水中生活——这与如今的鲸和海豚有异曲同工之妙。鱼龙与恐龙、翼龙、鳍龙以及沧龙的亲缘关系较远：虽然都同属于双孔亚纲，但鱼龙归属鱼龙型下纲。

鱼龙出现的时间比恐龙略早，在距今约 2.5 亿年前的三叠纪早期，海洋中就有它们的身影了。到了侏罗纪，海洋中的鱼龙种类繁多、分布广泛。白垩纪中期之后，鱼龙才逐渐被蛇颈龙类及沧龙类取代，最终在距今 9000 万年前完全消失。

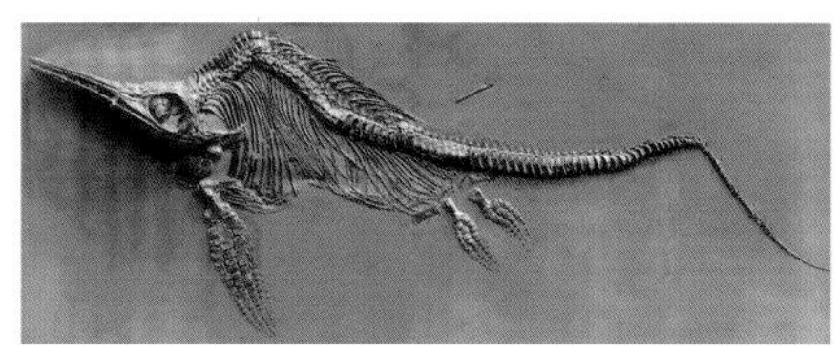

美国威斯巴登博物馆的大眼鱼龙化石

大眼鱼龙能够跃出水面

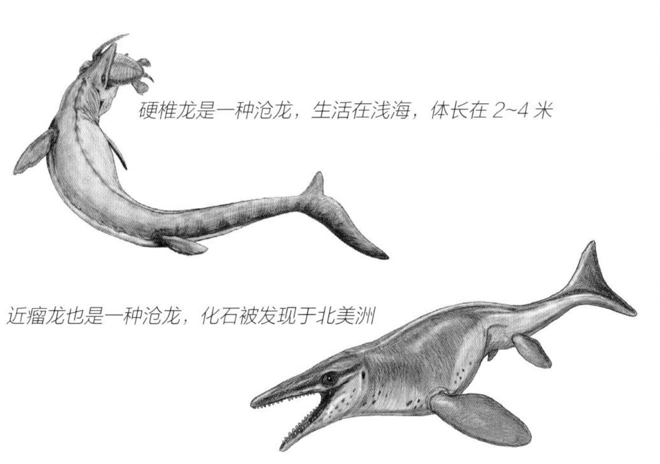

硬椎龙是一种沧龙，生活在浅海，体长在 2~4 米

近瘤龙也是一种沧龙，化石被发现于北美洲

大眼鱼龙拥有海豚状的外形，身长约 6 米，其食性和现代海豚如出一辙

哺乳动物和恐龙谁厉害?

哺乳动物和恐龙在地球共存了上亿年，它们到底谁更厉害呢？这个答案并不唯一，有的哺乳动物会被恐龙吃掉，有的又会以恐龙为食。

蜥熊兽是种大型兽孔目丽齿兽亚目动物，头颅骨长度约 25 厘米，身长约 2 米，生存于二叠纪晚期，其化石发现于俄罗斯窝瓦河流域与

哺乳动物是如何演化而来的?

哺乳动物是由一类被称为兽孔目的动物演化而来的。兽孔目由距今约 2 亿 7500 万年的合弓纲盘龙类演化而来，并很快成为当时的优势动物类群。兽孔目动物最突出的外部特点在嘴上：它们的牙齿由传统爬行动物那种单一外形演变为了多种形状，从而在取食时各具不同功能——咬断用门齿，刺穿撕裂用犬齿，咀嚼用臼齿。

当时间来到中生代的三叠纪，这一家族的演化路线就沿着早期兽孔目到犬齿兽类，再到真犬齿兽类，最终到哺乳类的这一顺序不断前进。在约 2 亿 2500 万年前，真犬齿兽类演化出了现代哺乳动物的祖先。

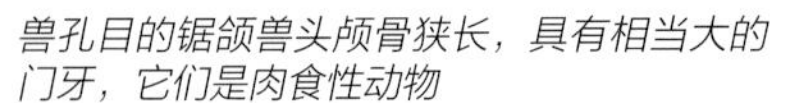

兽孔目的锯颌兽头颅骨狭长，具有相当大的门牙，它们是肉食性动物

犬颌兽的化石已在南非、阿根廷、南极洲和中国等地发现，它们存活在三叠纪中期

早期哺乳动物有哪些特点?

早期哺乳动物轻盈灵活。它们的下颌逐渐融合成一块大型骨头，几块小型的下颌骨头逐渐移动到内耳里，形成锤骨、砧骨及镫骨三块听小骨，使听觉更为灵敏。它们还逐渐演化出皮毛，取代了鳞片；皮肤上的汗腺演化出了乳腺，从而能够更好地照料后代。科学家推测，2 亿 2500 万年前的哺乳动物已经率先演化出了恒定的体温，从而增强了对于环境变化的适应能力。

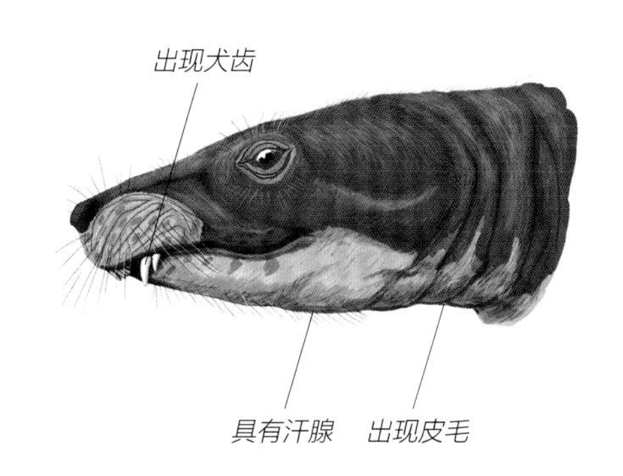

羊膜的出现

鱼类和两栖类通常在水中产卵。与它们不同，因为有胎膜的保护，羊膜动物的卵或胚胎可在陆地或母体内发育。羊膜动物可以划分为两大分支——合弓纲和蜥形纲。蜥形纲包括现存的爬行动物和鸟类，以及已灭绝的恐龙、翼龙、鳍龙和鱼龙等，而合弓纲的直系后裔仅剩哺乳动物。过去的3亿年间，这两大类群一直在进行激烈的生存竞争。

爬兽的嘴里有锋利的犬齿，体长超过 1 米，体重可达 15 千克，是迄今为止所发现的最大的中生代哺乳动物。

早期哺乳动物为什么会败于恐龙?

三叠纪晚期是恐龙出现的时期，哺乳动物在此时诞生，就不得不直面强劲对手。与哺乳动物类似，恐龙也演化出了直立的四肢结构，而且早期的恐龙大多以双足行走，在灵敏性上甚至强于哺乳动物。此后，恐龙很快就演化出了较大的体型，无论是作为肉食性动物还是植食性动物，体型更大都是巨大的优势。而哺乳动物一直保留着较小的身材，主要靠捕食昆虫等小型猎物维生。于是，恐龙迅速占据了更多的生态位，将哺乳动物死死地压制住。在此后的侏罗纪和白垩纪，哺乳动物虽然继续演化出许多进步的特征，但碍于体型限制，一直生活在恐龙的阴影下。

兽孔目的巴莫鳄生存于二叠纪晚期，它们四肢修长，没有太强的咬合力

乌拉冠鳄兽生存于约 2 亿 6700 万年前二叠纪中期，它们有大型犬齿，头颅骨的长度约 65 厘米，体长约 4 米

哺乳动物能与恐龙一战吗?

在恐龙繁盛的时代，绝非所有的哺乳动物都苟延残喘，有些哺乳动物也时不时会在恐龙时代“小放异彩”。其中，最有代表性的就是哺乳纲中属于异兽亚纲的三尖齿兽目，下辖三尖齿兽科、爬兽科、椎齿兽科等。它们的共同特征是牙齿上端有三个圆锥状结构，这也是它们名字的由来。爬兽科中有一类被称为爬兽的动物，生活在距今 1.25 亿年前的中国辽西。科学家曾经在它们的胃里发现了还没有完全消化的幼年鹦鹉嘴龙化石，这证明了爬兽曾经捕捉过幼年的鹦鹉嘴龙，也就是说它们作为哺乳动物曾经以恐龙为食。

科学家在爬兽化石的胃中发现了未消化的鹦鹉嘴龙

现存的哺乳动物大约有 5700 种，仍然远逊于现存的恐龙家族成员鸟类的种类数——现存的鸟类超过 1 万种。

远古翔兽

与爬兽同属于三尖齿兽目的远古翔兽是翔兽科的代表物种。它们具有现代鼯鼠一样的皮膜，能够进行滑翔飞行。翔兽出现的时间是距今 1.25 亿年前，这个时间甚至比严格意义上现代鸟类祖先玉门甘肃鸟还早了 150 万年。也就是说，当时的天空除了翼龙和正在努力尝试飞行的小型恐龙外，还有会飞的哺乳动物。

哺乳动物为什么能躲过大灭绝?

在距今约 6600 万年前的白垩纪末期，大部分恐龙已经十分特化：它们中的许多种类体型巨大、高度适应特异的栖息环境。当小行星撞击地球后，除了因撞击直接死亡的大量个体外，在随后的长时间内，地球被撞击后激起的尘埃牢牢笼罩，失去阳光，气温也随之骤降，大量植物枯萎死亡，食量巨大的植食性恐龙首先面临灭顶之灾。随后，由于猎物的消失，肉食性的恐龙也很快走向衰亡。在白垩纪－第三纪灭绝事件中，所有体型较大的动物都走向了灭绝，只有小型鸟类作为恐龙分支的代表存活下来。哺乳动物具备的体型小和恒温等特性，帮助它们在大灭绝时期的低温和黑暗中熬了过来。而且，在大灭绝发生前，哺乳动物的多样性已经很丰富了，水生和飞行的类型也都出现了——适应性更广的哺乳动物最终在新生代繁盛壮大。

白垩纪的戈壁尖齿兽在夜间活动，以小型爬行动物和昆虫为食

鸟的历史有多久?

我们的身边常能看到小鸟飞来飞去，你可能觉得司空见惯，但你要知道，鸟类是非常古老的物种类群呢，它们在 1 亿多年前就出现在地球上了。

鸟究竟是谁?

在现今的动物分类学中，鸟类是鸟纲的通称。而如果从支序分类学的演化角度来看，鸟类其实是蜥形纲 - 主龙形下纲 - 鸟颈类主龙 - 恐龙形态类 - 恐龙总目 - 蜥臀目 - 兽脚亚目 - 坚尾龙类 - 手盗龙类 - 鸟翼类下的鸟纲。所以从本质上而言，鸟类就是恐龙这个家族中的一员，是兽脚亚目恐龙的次演化支。在白垩纪末的大灭绝中消失的只是非鸟类恐龙，鸟类作为恐龙的一支，一直延续到了今天。按照这个定义，如今生活在我们周围的 1 万多种鸟类其实就是 1 万多种恐龙。

擅攀鸟龙是一种小型的手盗类恐龙

根据 2022 年的世界鸟类名录，地球上现存的鸟类有 10 933 种。

始祖鸟是谁?

谈到鸟类的起源，不得不说到始祖鸟，它们曾经被认为是最原始的鸟类。最著名的始祖鸟化石在 19 世纪六七十年代被发现于德国索伦霍芬的石灰岩矿床。从化石上看，始祖鸟同时兼具典型爬行动物和现代鸟类的特征。所以一经发现就震惊了世界，成为支持生物演化理论的明证。不过随着 20 世纪 90 年代中国辽宁一系列带羽毛恐龙化石的发现，尤其是许多生存年代比始祖鸟更早，身体结构却更接近现生鸟类的物种的发现，始祖鸟早已经失去了最原始鸟类的名号了。

始祖鸟想象图

冷知识

除了普通的像鸟类方向演化的长着一对带羽毛翅膀的众多种类外，还有小盗龙这样前后肢都有翅膀，更有像奇翼龙这样演化出与翼龙和蝙蝠类似的皮膜翅膀的恐龙。

小盗龙化石最早在 2001 年被发现于中国辽宁省

鸟的祖先是谁？

更古老，构造上也更接近现生鸟类的物种有近鸟龙、晓廷龙和曙光鸟等。其中，近鸟龙是种小型、早期伤齿龙科恐龙。其头骨呈三角形，后肢长。晓廷龙也是近鸟龙科的一个物种。2013 年，曙光鸟化石被发现于中国辽宁，其被认为可能是迄今已知的恐龙演化成鸟类过程中最重要的物种之一。它们生活在大约 1.6 亿年前，比始祖鸟早约 1000 万年。

近鸟龙

曙光鸟

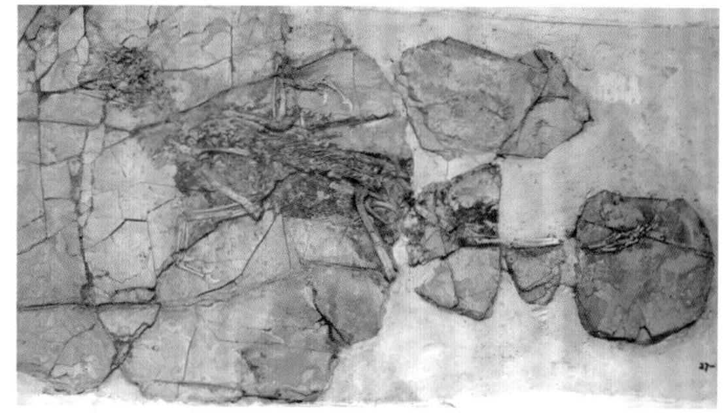
晓廷龙的模式标本，其发现地在中国辽宁

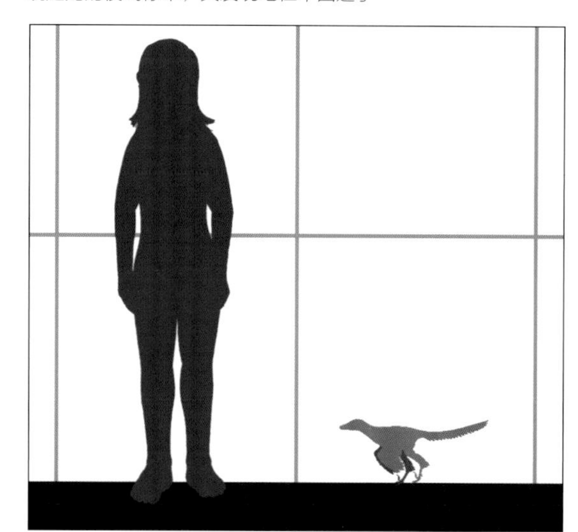
晓廷龙与人的大小对比

始祖鸟

在非鸟恐龙尚未消失的时代，已经有众多鸟类出现，它们就飞舞在大型非鸟恐龙之间，甚至有些鸟类在演化中放弃了飞行。例如，鱼鸟和黄昏鸟就像今天的企鹅一样，专门特化为在水下捕猎的类型。

黄昏鸟生活在白垩纪，体长可达 1.8 米。其翅膀几乎完全退化，依靠强力的后肢游泳

史前巨兽有多大？

伴随着恐龙时代的结束，地球进入了新生代。随着地球从大灭绝中逐渐恢复，原本类别就已经十分丰富的哺乳动物终于开始了爆发式地发展，各式各样的哺乳动物层出不穷。很多巨兽出现了，它们的体长可达 8.2 米，体重可达 22 吨……

为什么会出现那么多巨兽？

在恐龙时代，体型最大的哺乳动物是爬兽，体长刚刚超过 1 米。而随着非鸟恐龙的消亡，地球上存活的动物体型都不大。纵观地球历史，许多动物类群都存在体型从小到大的发展规律，这在食草动物和食肉动物身上都不鲜见。很显然，对于食肉动物而言，更大的体型意味着可以更轻松地捕食到体型更大的猎物，从而获取更多的食物；而对于食草动物而言，增大自己的体型一方面有助于获取更大量的食物，另一方面也能对食肉动物形成威慑。于是，在鸟类逐渐开始大型化后，哺乳动物也开启了自己的大型化之路，并最终在陆地上和海洋中都成为了新的霸主。

已经灭绝的披毛犀的肩高可达 2 米

最早产生的史前巨兽是谁？

随着鲸类对于海洋生活的适应，一些大型鲸类开始出现。著名的龙王鲸出现在距今 4000 万至 3500 万年前。巨大的骨骼、狭长的体型，使得最早发现它们的科学家误以为是中生代爬行动物的化石，以至于它们拉丁学名的原意就是“帝王蜥蜴”。龙王鲸是哺乳动物演化史上最早出现的海洋巨兽。

龙王鲸的体长可达 15~18 米

蓝鲸不仅是现存最大的哺乳动物，也是地球历史上出现过的最大的动物，它们的体长可达 33 米，体重能超过 180 吨。

最早诞生的陆地巨兽有谁？

在始新世时（5600 万年前—3400 万年前）的北美洲，诞生了体重超过 4 吨、体长超过 4 米、肩高 1.6 米的尤因它兽。猛地一看，它们与如今的犀牛有些相似。它们最突出的特征是从吻端到头顶的三对骨质突起，雄兽还长着突出的上犬齿。在当时，根本没有捕食者有能力捕食这么大的猎物。所以，科学家推测尤因它兽的古怪造型应该是同类相互之间争斗的产物。

始新世还出现了种类异常丰富的雷兽科动物。它们属于奇蹄目，与如今的马和犀牛是亲戚。不过雷兽的体型十分壮硕，一些体型较大的种类肩高能达到 2.5 米。雷兽的鼻子上也长着角一样的突起。与尤因它兽属的突起类似，雷兽的角很可能也是雄性在繁殖期进行炫耀的产物。毕竟哺乳动物中的大型捕食者还没出现，不需要自卫。

尤因它兽

雷兽

如今地球上有接近 5700 种哺乳动物。

历史上最大的陆地哺乳动物是谁？

现存最大的陆地哺乳动物是大象，历史上最大的陆地哺乳动物可远大于大象，它们是巨犀。巨犀是犀牛的远亲，属于奇蹄目。距今 3000 万年前左右，它们在欧亚大陆上出现了。发现于中国新疆的准噶尔巨犀，体长超过 8 米，肩高可达 5 米，重达 22 吨。自恐龙时代以后，陆地上还从未出现过如此巨大的动物。巨犀，当之无愧是哺乳动物中最闪耀的巨兽。

人与演化

人类是动物吗？

在现代分类学中，我们人类的标准名称是智人，对应的学名是 *Homo sapiens*。其中的 *Homo* 指人属，后面的 *sapiens* 是种加词*。人类其实是动物界的普通一员，在分类学中，我们属于灵长目人科人亚科人族人属。

什么驱使了人类的诞生？

生命的演化与环境息息相关，人类的出现也不例外。距今 1000 万年前开始，撒哈拉以南的非洲开始变冷。随着东非大裂谷的形成，非洲东部的气候变得愈发干燥，原先生长在那里的森林逐渐开始变得稀疏，不断向稀树草原演替。正是因为这样的气候变化，促使原先安逸地生存在广袤森林中的类人猿面临巨大的挑战。自然选择驱使着能够适应新环境的猿类物种进入开阔的草原觅食。由此，在距今 700 万 ~ 600 万年前，真正的人类家族——人族的物种开始出现。

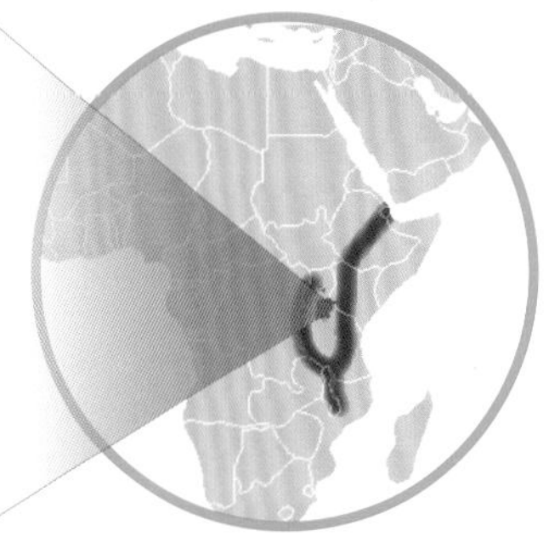

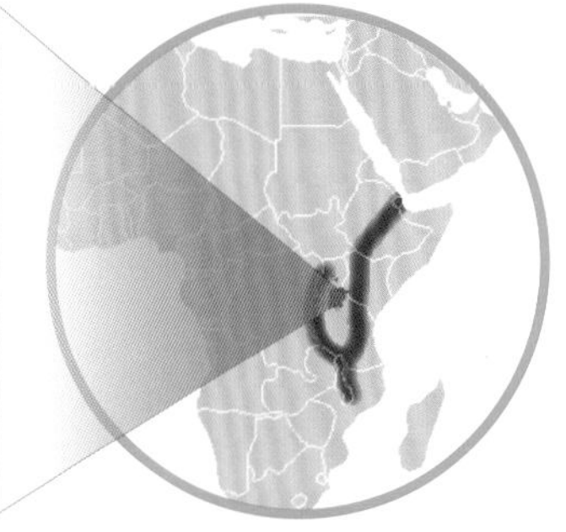

东非大裂谷全长约 6000 千米，最深处达 2000 米，其底部开阔且平坦，宽为 30~100 千米

人类家族是如何演化的？

最早出现的人族物种是发现于非洲中部的图迈人（也称为乍得沙赫人），它们出现的时间是距今约 700 万年前——这个年代甚至早于人类与两种黑猩猩分化的时间（距今约 600 万年）。人族的第二个物种是发现于肯尼亚的千禧人（距今约 600 万年）。

约 400 万年前，南方古猿出现了，它们演化出了包括阿法南猿在内的众多种类，并一直延续到距今 200 万年前。

第一个真正的人属物种——能人，出现于距今约 230 万年前。有的科学家认为，发现于肯尼亚、生存于距今 190 万年前的鲁道夫人有可能也是能人的一个分支。

南方古猿头骨和复原图

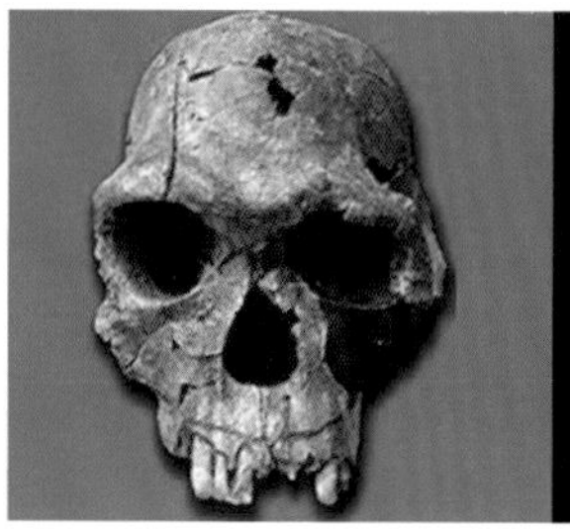

能人头骨和复原图

* 种加词：双名法中物种名的第二部分，第一部分是属名。

通过基因分析，非洲南部以外的现代人体内都保留有 *1%~4%* 的尼安德特人基因。

北京猿人是谁的祖先？

距今 180 万 ~130 万年前，非洲南部出现了另一种人类——匠人。他们的脑容量增加了不少。科学家推测匠人可能是现代人的直系祖先。也有科学家认为，匠人应该从属于同时代出现的同属人属的直立人。

在 180 万年前，直立人中的格鲁吉亚人就已经出现在了欧洲。这是人类家族最早离开非洲的例证，也是人类第一次离开非洲。170 万年前，直立人已经扩散至东亚和东南亚许多地方。生存于 50 万年前的东南亚的爪哇猿人以及中国的北京猿人、蓝田猿人等，都是直立人。

智人什么时候出现？

早期智人大约在距今 25 万年到 40 万年间演变出来，体质特征上介于直立人和晚期智人之间。早期智人脑容量已达到现代人的水准，用兽皮做衣服，能人工取火，有埋葬死人的习俗。晚期智人约出现于 20 万年前，在体质特征上和现代人（公元前 1 万年至今）已没有明显差异，能精制石器和骨器，懂得绘画、雕刻等艺术，能修建简单房屋，男女有明确分工。人类单地起源说主张智人起源于非洲，在距今大约 5 万年到 10 万年间迁移出非洲，取代了亚洲的直立人和欧洲的尼安德特人。

海德堡人的身高在 *195~215* 厘米，是最高大的古人类。

猩猩还能演化成人吗？

与人类最为相似的黑猩猩和倭黑猩猩，它们的祖先早在 600 万年前就与人类的祖先走上了不同的演化道路。当非洲东部的森林转变为草原时，人类家族的体形越来越适应在半干旱新环境中生存，开始直立行走，并不断发展大脑的智力；而生活在非洲中部的黑猩猩家族则继续适应着森林环境，保留灵活的攀爬能力。所以，它们的演化之路不会切换到人类的方向上来，如今的大型类人猿也不会再演化为“人”了。

猩猩还是红猩猩？

对于中国人而言，猩猩是我们最早认知的大猿：它们生活在亚洲的热带雨林中，在地理上距离我们并不远，汉语中还有一种颜色被描述为猩红色。很多人喜欢称呼它们为红毛猩猩，其实有点多此一举了，它们的标准中文名就是猩猩。

打巴奴里猩猩

现存的 3 种猩猩

大猩猩很凶猛吗？

大猩猩常常以凶猛无比的金刚形象出镜。但事实上，它们是安静的素食主义者。只有当被激怒时，它们才会很凶猛。生活在非洲中部森林地带的大猩猩其实分为两种：西部大猩猩和东部大猩猩。西部大猩猩又被分为西部低地大猩猩和克罗斯河大猩猩两个亚种，东部大猩猩则可分为东部低地大猩猩和山地大猩猩两个亚种。

约 800 万年前，人类和大猩猩的祖先开始分化，而黑猩猩直到距今 600 万年前才与人类分道扬镳。

人类与其他人科物种的亲缘关系

黑猩猩和倭黑猩猩一样吗?

在黑猩猩属中，除了黑猩猩外，还有倭黑猩猩。它们之间在外观上只有十分细微的差异，但这两个物种分化的时间也有 93 万年了。但在整个动物世界中，这二位正是人类最近的亲戚——我们与它们分化的时间是距今 600 万年前。所以，在使用工具、群体斗争、个体交流等很多方面，我们都能在黑猩猩和倭黑猩猩身上找到相似的痕迹。

冷知识

除了人类之外，只有黑猩猩能够有组织地以一个族群为单位对另一个族群发动“战争”。

倭黑猩猩目前仅存于刚果民主共和国

黑猩猩的智商很高，它们能使用一些简单的工具来进行一些工作

猩猩亚科曾经诞生过历史上最大的灵长类动物——巨猿。它们生存于距今 100 万～30 万年前的中国南方、东南亚和南亚，站立时的高度能达到 3 米。

人类是同一个物种吗？

在通常的语境下，我们常常会说人类有好几种，包括黄种人、白种人、黑种人等。其实这个说法并不准确，无论如今世界上人们的肤色如何，其实都是现代人，是一个物种——智人。尼安德特人和丹尼索瓦人等都是同属智人的亚种，它们是更早离开非洲的智人的分支，分别生活在欧洲和亚洲。

白种人

皮肤较白，眼窝深，颧骨低，体毛相对较多，鼻子高大，嘴唇较薄。

黑种人

皮肤较黑，头发黑且卷曲，鼻梁普遍较低，嘴巴宽度较大，嘴唇比较厚。

黄种人

皮肤淡黄色，毛发中等，面骨宽而平，颧骨靠近眼睛。

历史上的人属物种

在历史上，曾有很多种人属物种，如罗德西亚人、海德堡人、吕宋人、鲁道夫人等，但在演化过程中逐渐灭绝了。现在的人属物种只有我们智人一种。

2010 年科学家发现，部分现代人的基因中存在尼安德特人的基因

生殖隔离是物种区分的唯一标准吗？

生殖隔离是高等脊椎动物之间物种分割的界限，但有很多例外。首先，生殖隔离是针对有性生殖而言的，无性生殖不存在生殖隔离一说。其次，种间杂交在植物界并不鲜见，大量农作物都是这样培育而来。另外，即使是在物种生殖隔离十分明显的动物界，也有类似于环北极分布的多种银鸥间的情况：邻近分布的两个种之间可以杂交，不存在生殖隔离的现象。

究竟什么是物种？

物种是生物分类的基本单位。不过，关于究竟什么是物种，生物学家也一直争议颇多。目前，多数生物学家认同著名演化生物学家恩斯特·迈尔（Ernst Mayr，1904—2005）的定义：物种是“能够相互配育的自然种群的类群，且这些类群与其他的类群在生殖上相互隔离”。生殖隔离作为物种划分的标准一直被沿用至今。

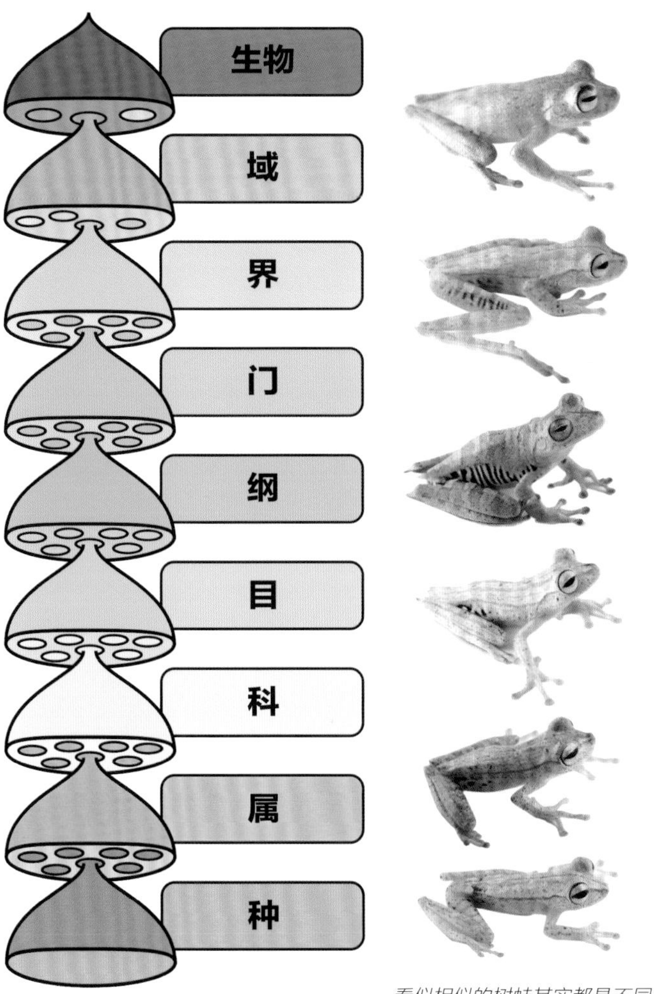

看似相似的树蛙其实都是不同的物种

骡子是驴和马的后代，但它们没有生育能力——因为驴和马是两个物种

黑猩猩也是“人类”吗？

广义上来讲，人类可不仅仅是一个物种的概念。在生物分类中，灵长目人科人亚科的物种都可以“算作”是人类。黑猩猩也是人亚科的成员，如果把黑猩猩也当作人类，估计没有人能接受。那么，我们可以把“人类”的生物学范围缩小到人亚科的人属。从出现于距今 230 万年前的能人开始，人类家族真的是丰富多彩，最有名的就是直立人。我们熟悉的北京猿人、元谋猿人都被认为是直立人。而我们自己属于的物种叫做智人。所以，人类的物种其实远不止一个。

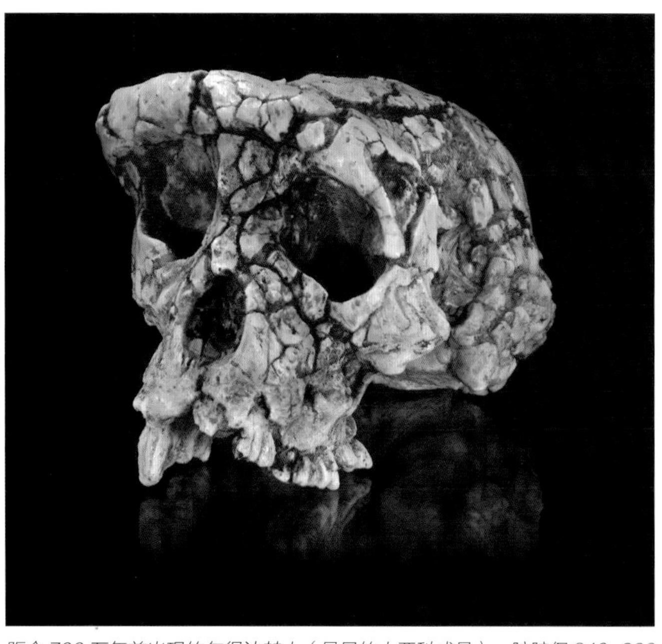

距今 700 万年前出现的乍得沙赫人（最早的人亚科成员），脑腔仅 340~360 立方厘米，与现存黑猩猩的差不多

智人是如何扩散的?

距今 80 万年前，生活在非洲的海德堡人演化出了最早的智人，其中一些种群随后穿过当时较低的海平面，从北非进入了欧洲的伊比利亚半岛——这是人类的祖先第二次离开非洲（第一次为直立人走出非洲）。60 万年前，这些已经进入欧洲的智人分化出了尼安德特人和丹尼索瓦人。而我们现代人，其实是留在非洲的智人的后代，他们出现于距今 20 万年前。距今 6 万年多年前，这些智人才从东非进入阿拉伯半岛——这是人类的祖先第三次离开非洲。

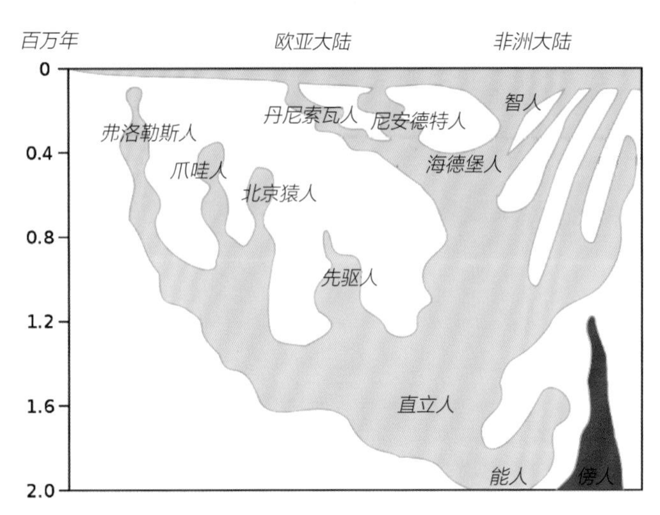

人属动物演化及扩散推测图

现存的人类有那些类群?

现代人的祖先走出非洲前，种群已经在非洲很多地方开枝散叶了，最终发展出了皮肤相对只是偏黑的布须曼人种、俾格米人种以及皮肤黝黑的尼格罗人种。

而率先离开非洲的人其实和他们亲缘关系更近，最终发展出了皮肤同样偏黑的尼格利陀人种和澳大利亚人种。尼格利陀人种现在仅存在于东南亚很少的一些地区，而澳大利亚人种就是澳大利亚的原住民。

白种人的标准称呼是高加索人种，他们最早主要分布于欧洲。黄种人则包括最早主要分布在亚洲的蒙古利亚人种和分布于美洲的亚美利加人种。无论哪个人种之间都不存在生殖隔离，他们之间外貌形态的差异只是数万年间的地理隔离和自然选择所造成的，并没有达到亚种的差异，更远没有达到物种的差异。所以，全世界人类都是一家人!

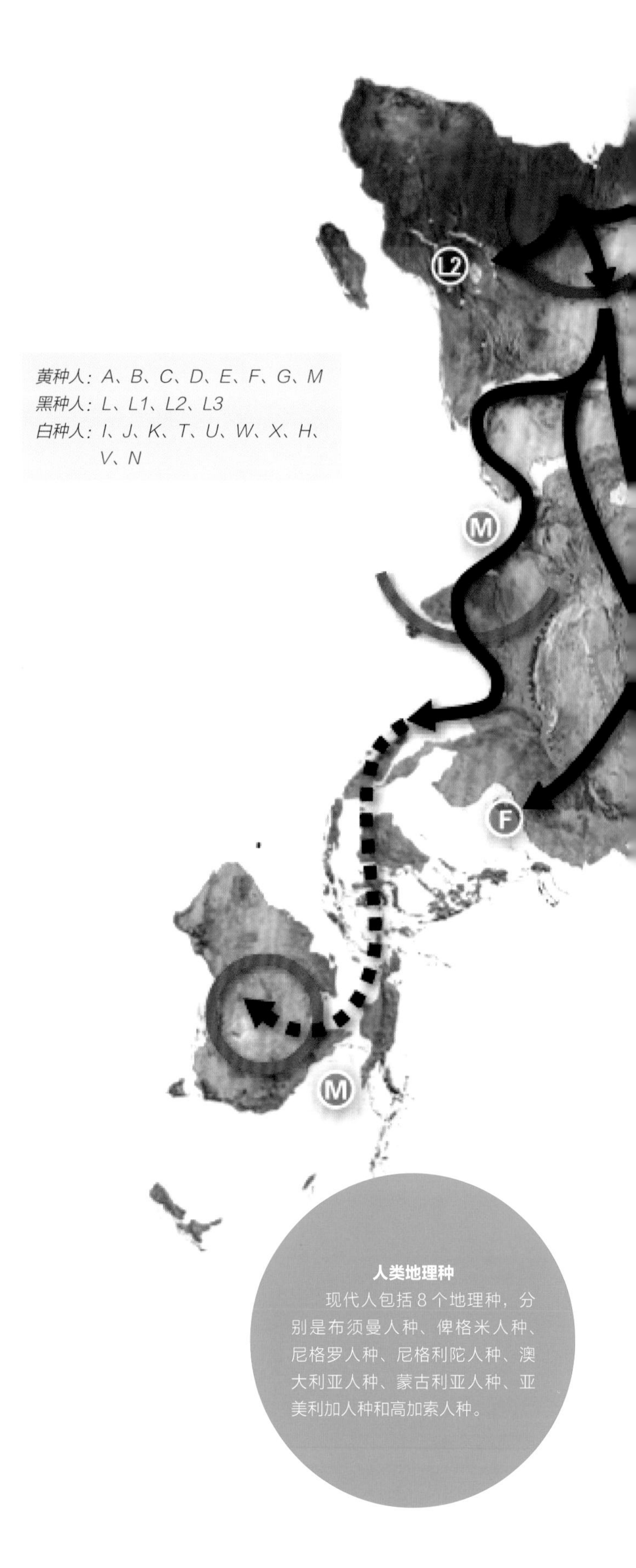

人类地理种

现代人包括 8 个地理种，分别是布须曼人种、俾格米人种、尼格罗人种、尼格利陀人种、澳大利亚人种、蒙古利亚人种、亚美利加人种和高加索人种。

人类扩散路线图（根据现今人类线粒体 DNA 推测）

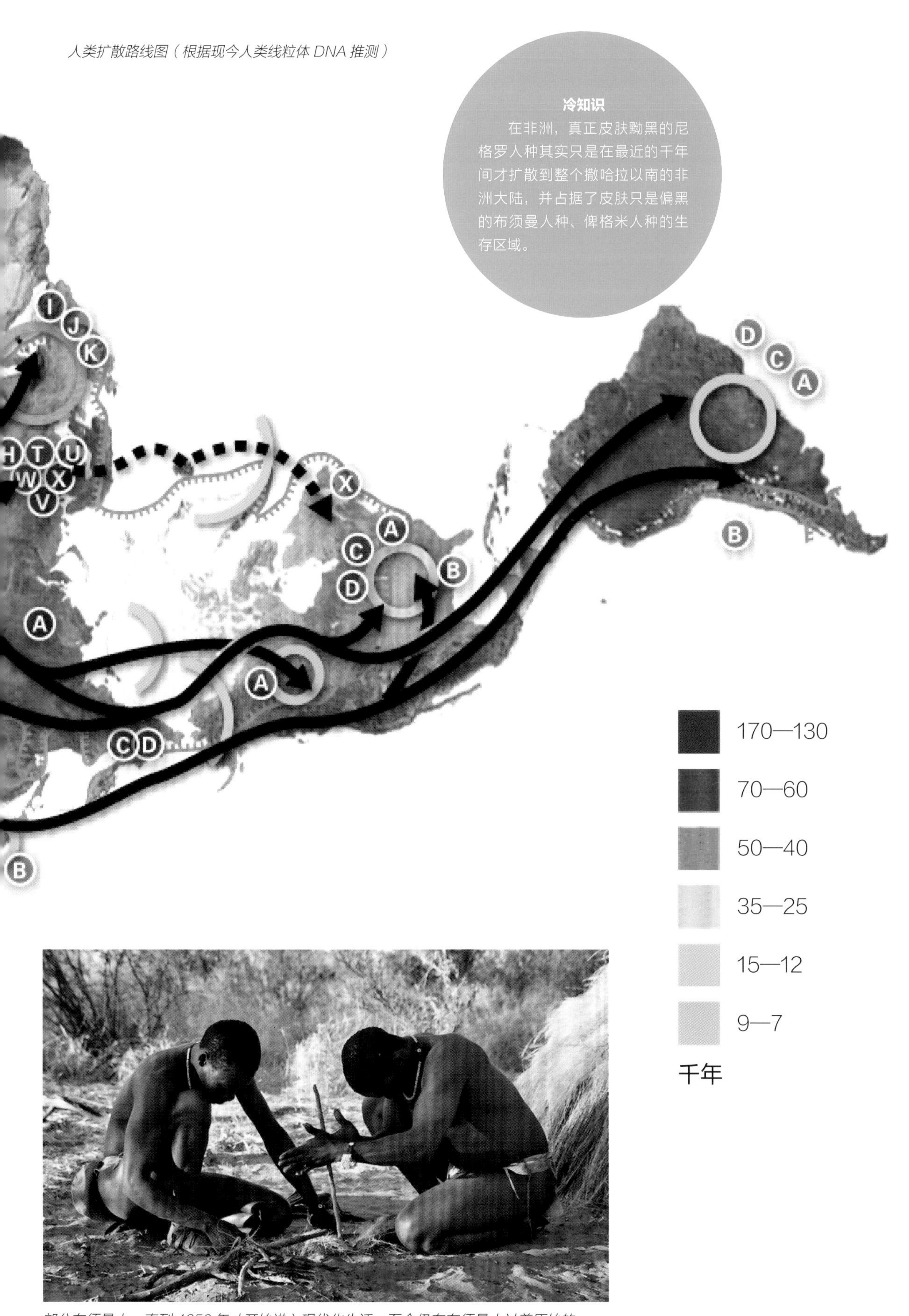

冷知识

在非洲，真正皮肤黝黑的尼格罗人种其实只是在最近的千年间才扩散到整个撒哈拉以南的非洲大陆，并占据了皮肤只是偏黑的布须曼人种、俾格米人种的生存区域。

部分布须曼人一直到 1950 年才开始进入现代化生活，至今仍有布须曼人过着原始的狩猎采集生活

演化奇想

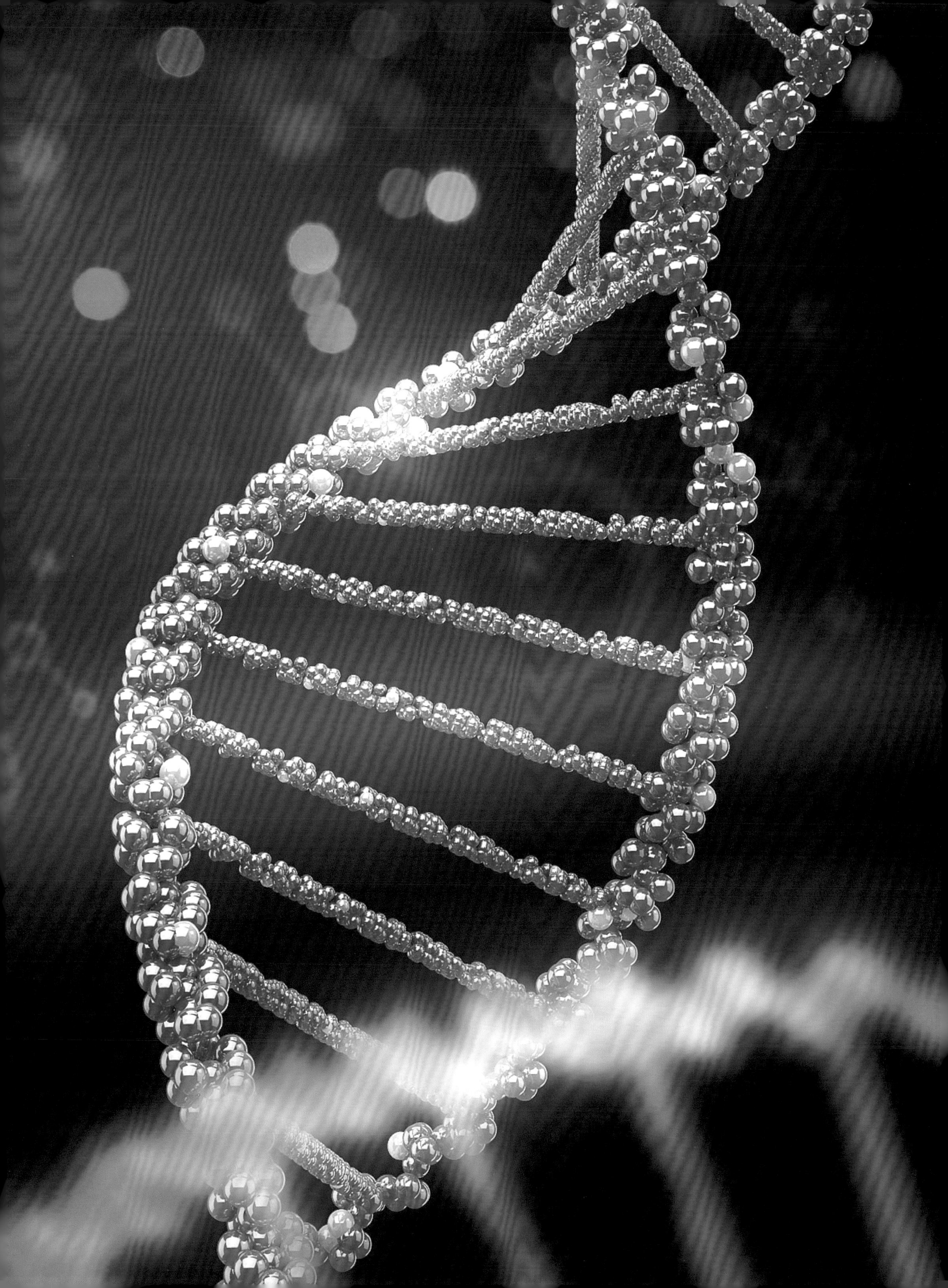

长颈鹿脖子是渐渐变长的吗？

长颈鹿是自然界的明星，它们最惹人注意的就是那长长的脖子。你有没有想过，这长脖子是如何演化而来的呢？

在科学史上，许多科学家都曾经以长颈鹿长脖子的出现过程来探讨生物的演化。法国生物学家拉马克于 19 世纪初就提出“获得性遗传”和“用进废退”的观点。他认为，生物经常使用的器官会逐渐发达，而不使用的器官会逐渐退化，生物可以将后天锻炼的成果遗传给下一代。按照这个理论，长颈鹿的祖先原本是短颈的，但是为了要吃到高树上的叶子经常伸长脖子和前腿，经过不断锻炼，它们将长脖子遗传给下一代，下一代再不断伸长脖子……如此循环叠加，就演化出现在脖子长、腿长的长颈鹿。

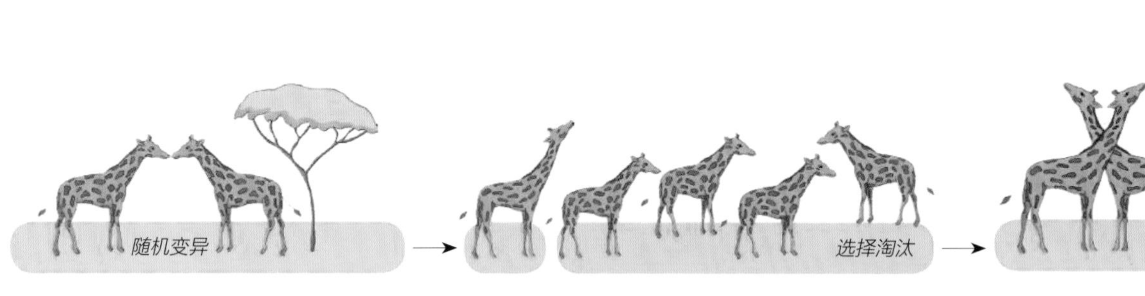

达尔文认为长颈鹿的长脖子是经过自然选择的结果

对于长颈鹿为什么演化出长脖子，英国著名生物学家达尔文也有自己的见解，这就是著名的自然选择理论。达尔文认为：长颈鹿的脖子之所以长，是因为在演化过程中，一些长颈鹿的祖先出现了基因突变，获得了长脖子的性状。而随着栖息地的变化，作为长颈鹿食物的树木逐渐变高，导致那些短脖子的长颈鹿不能吃到足够的食物，逐渐被自然所淘汰。久而久之，就产生了如今长脖子的长颈鹿。

目前，科学家普遍认为，达尔文的解释更为科学。

查尔斯·达尔文（Charles Darwin，1809—1882）的理论成为现代演化思想的基础

雄性长颈鹿通过比较脖子的长短来向对手示威

还有哪些长脖子动物？

地球上曾经出现过许多长脖子的动物。恐龙时代，众多蜥脚类恐龙长着夸张的长脖子；同时期的海洋中，有薄片龙那样的长脖子海生爬行动物。恐龙时代之后，还有身高能达到 6~7 米、脖子长 2 米的巨犀。在如今的地球上，脖子最长的动物当然是非长颈鹿莫属。它们的脖子平均长度有 1.5~2.5 米。同时，身高接近 6 米的它们也是陆地上最高的动物。

冷知识

长颈鹿可以利用肌肉控制鼻孔的开闭以防止沙尘和蚂蚁进入。长颈鹿的角外面包裹着皮肤。

到底有几种长颈鹿？

生活在非洲不同地区的长颈鹿总有一些差异，尤其是它们身上的花纹。许多科学家认为，这些不同花纹的长颈鹿相互之间种群隔绝已经超过数百万年，应该被划分为不同物种。如今，认为长颈鹿可以被划分为 3 个、4 个、6 个乃至 8 个物种的观点都有。

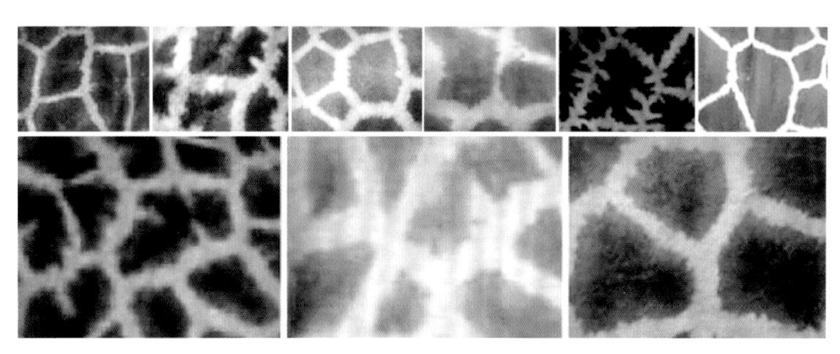

长颈鹿的花纹多种多样

长颈鹿的舌头长约 45 厘米，呈紫黑色。

长颈鹿的奔跑速度最快约 60 千米 / 时。

样貌独特的亲戚

生活在非洲中部刚果热带雨林地区的獾㹢狓，是长颈鹿唯一的尚未灭绝的近亲。它们同属长颈鹿科。

为什么有的鸟长得很奇特？

别小看我，我也是恐龙的一分子！

鸟类属于脊椎动物门鸟纲。鸟类是恐龙的一部分。为了适应环境，不同的鸟类演化出不同的形态，有些就显得很奇特了，比如鸵鸟的腿强劲有力，一些水鸟长着超长的脖子，猫头鹰的眼睛又大又圆……

鸟类家族分哪些类别？

按照最新的分类学研究，鸟纲可以划分成古颚下纲和今颚下纲。前者包括鸵鸟目、美洲鸵鸟目、鹤鸵目、无翼鸟目和鴂形目，以及隆鸟目、恐鸟目两个已经灭绝的目。后者可以继续划分为鸡雁小纲和新鸟小纲。鸡雁小纲顾名思义，包括了鸡形目和雁形目。而剩下的其他鸟类无论长相差异有多大，都属于新鸟小纲。现存1万多种鸟中，接近95%都属于新鸟小纲。

原本生活于新西兰岛上的哈斯特鹰和恐鸟（已灭绝）分属于鹰形目和恐鸟目

现存腿最长的鸟是鹤形目中赤颈鹤、丹顶鹤等几种鹤类，它们的整个腿部长度能够超过*1*米。

现存脖子最长的鸟是雁形目的大天鹅或疣鼻天鹅，它们的颈部长度超过*50*厘米。

猛禽是哪类鸟？

无论是科学家还是观鸟爱好者，都习惯将鸟类按照所栖息的环境和习性来进行划分，也就是鸟类的生态类型。

对于那些主要生活在水域的鸟类，我们将它们分为游禽和涉禽两大类；对于那些主要生活在陆地的鸟类，分别归入猛禽、陆禽、攀禽和鸣禽。猛禽指的是那些凶猛的捕食性鸟类，包括主要在白天活动的鹰形目和隼形目，以及主要在夜间活动的鸮形目（猫头鹰）。陆禽指的是主要在地面活动的鸡形目和鸽形目。攀禽则包括众多生活在林地环境的鸟类，如鹦形目、鹃形目、鴷形目等。鸣禽对应的就是现生鸟类的优势物种雀形目，它们的种类占到现生鸟类的一半以上。

上来和我比赛跑步！

陆禽：鹌鹑

游禽：赤麻鸭

下来和我比赛游泳！

适应水环境需要有哪些特点?

对于在水域生活的鸟类，同时适应水陆两种生活环境是必需的，所以游禽和涉禽分别演化产生了自己的适应性特征。雁形目当然是游禽的典型代表。潜鸟目、鹈鹕目、鸌形目，以及传统上的鹱形目和鸥形目，如今也属于游禽。

生活在加拉帕戈斯群岛的蓝脚鲣鸟的奇特大脚

冷知识

在传统观点中，鸵鸟这样高度适应奔跑的鸟类和企鹅这样高度适应游泳的鸟类与其他现生鸟类相差很远。我们并没有把它们列在陆禽和游禽中。

游泳的鸟

在水中生活，会游泳一定是重要的一项生存技能。早在真正属于现生鸟纲的鸟类出现之前，中生代的黄昏鸟目就已经适应了海洋中的游泳生活。它们演化出了带有蹼的足，从而能够在水面和水下游泳前进。

雀形目是鸟纲中最大的一个目，下面有 *140* 科，包含约 *6600* 种鸟。

为什么鹤嘴长、腿长、脖子长?

那些不会游泳或者游泳本领有限的鸟类，就不能生活在水域环境了吗？当然不是。涉禽就演化出了“三长”的特点以适应水环境。它们脖子长、嘴长、腿长：只要水没那么深，只要腿够长，躯干就不会被淹到；要想吃到水中的食物，长长的颈和喙能够很好地帮助觅食。鹳形目的鹳类和鹭类、鹤形目中的鹤类、鸻形目中的鸻鹬类就是典型的涉禽。它们依靠着腿、颈、喙的不同长度和比例，分别适应着不同深度的浅水环境。

鹳

鹤

鹬

还会有大灭绝吗?

在过去的400年中，全世界灭绝的哺乳动物约有58种，大约每7年灭绝一种——这个速度是自然灭绝速度的7~70倍。在20世纪，全世界共灭绝哺乳动物23种，大约每4年灭绝一种——这个速度是自然灭绝速度的13~135倍。如果算上其他脊椎动物，那么在过去的100年中，地球上脊椎动物灭绝数量已经超过400种。在正常的自然演化中，400个物种灭绝需要1万年以上。

所以，许多科学家认为，我们正在经历由人类自己所造成的第六次生物大灭绝。这次大灭绝事件开始于数万年之前，人类文明的萌芽阶段，并在最近的数百年愈演愈烈。

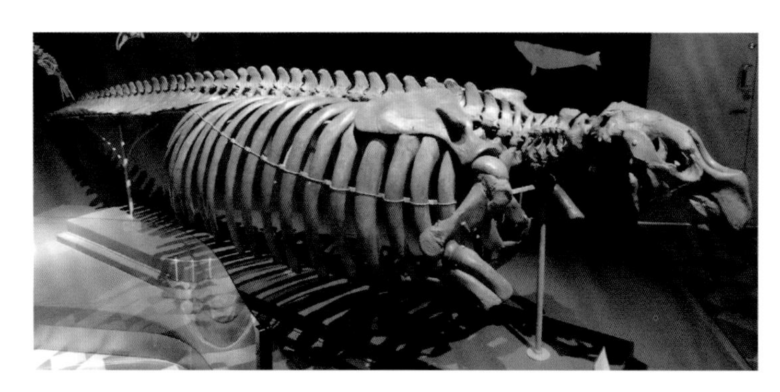

因人类过度捕猎而于1768年灭绝的大海牛骨骼标本

什么是大灭绝？

当一个物种的最后一个个体死亡后，这个物种就灭绝了。不过有时候，灭绝并不是循序渐进发生在某个物种身上，而是在相对短暂的地质时间内，集群出现在众多生物身上。这种生物大规模集群灭绝的事件，就是大灭绝。

提到大灭绝，人们脑海中首先蹦出的可能是小行星撞击地球导致非鸟恐龙灭绝的事件。包括非鸟恐龙在内，以陆地、天空和海洋的爬行动物为代表，众多物种在那次中生代白垩纪末期的大灭绝事件中永远消失了。

据估计，导致非鸟恐龙灭绝的小行星直径至少有 *10* 千米，质量达 *20 000* 亿吨，撞击威力相当于 *1* 亿兆吨 TNT 当量。

历史上出现过哪些大灭绝？

地质史上，由于地质变化和大灾难，地球曾经历过五次大灭绝。恐龙灭绝是距离我们最近的、也是最后一次大灭绝事件。最早的一次大灭绝发生在距今 4.4 亿年前的奥陶纪末期，第二次发生在距今 3.65 亿年的泥盆纪后期，第三次发生在距今 2.5 亿年前的二叠纪末期，第四次发生在距今 1.95 亿年的三叠纪末期。

为什么会有大灭绝？

生命的生存需要环境，环境变化，生物也一定会随之变化。如果环境是缓慢改变的，那么生物就会在自然选择下缓慢改变，逐渐适应，不断演化出新的物种。生命演化的多数时间都处在这样循序渐进的过程中。但如果环境变化发生得过于突然，生物很难有时间去适应。据科学家推测，板块运动导致洋流水汽循环大变、大气成分的改变、火山频发、气候的大规模改变等都有可能是造成大灭绝的原因。

三叶虫在地球上生存了近 3 亿年，最终在二叠纪末期的大灭绝中消失了

历次海洋生物大灭绝

海洋生物分类中科的数量

900
800
700
600
500
400
300
200
100
0

代表性海洋动物群

三叶虫
腕足动物门
笔石
外肛动物门
无颌鱼类
三叶虫
腕足动物门
床板珊瑚
纺锤虫
棘鱼类
海百合
四射珊瑚
海洋爬行类
菊石
腹足类
腕足类
海洋爬行类
菊石
硅藻
象牙蚌
现存 1900 个科的生物

埃迪卡拉纪
寒武纪
奥陶纪
志留纪
泥盆纪
石炭纪
二叠纪
三叠纪
侏罗纪
白垩纪
古近纪
新近纪

600
500
400
300
200
100
0
百万年

距今 *2.5* 亿年前的二叠纪末期，发生了有史以来最严重的大灭绝事件，估计地球上约 *96%* 的物种灭绝。

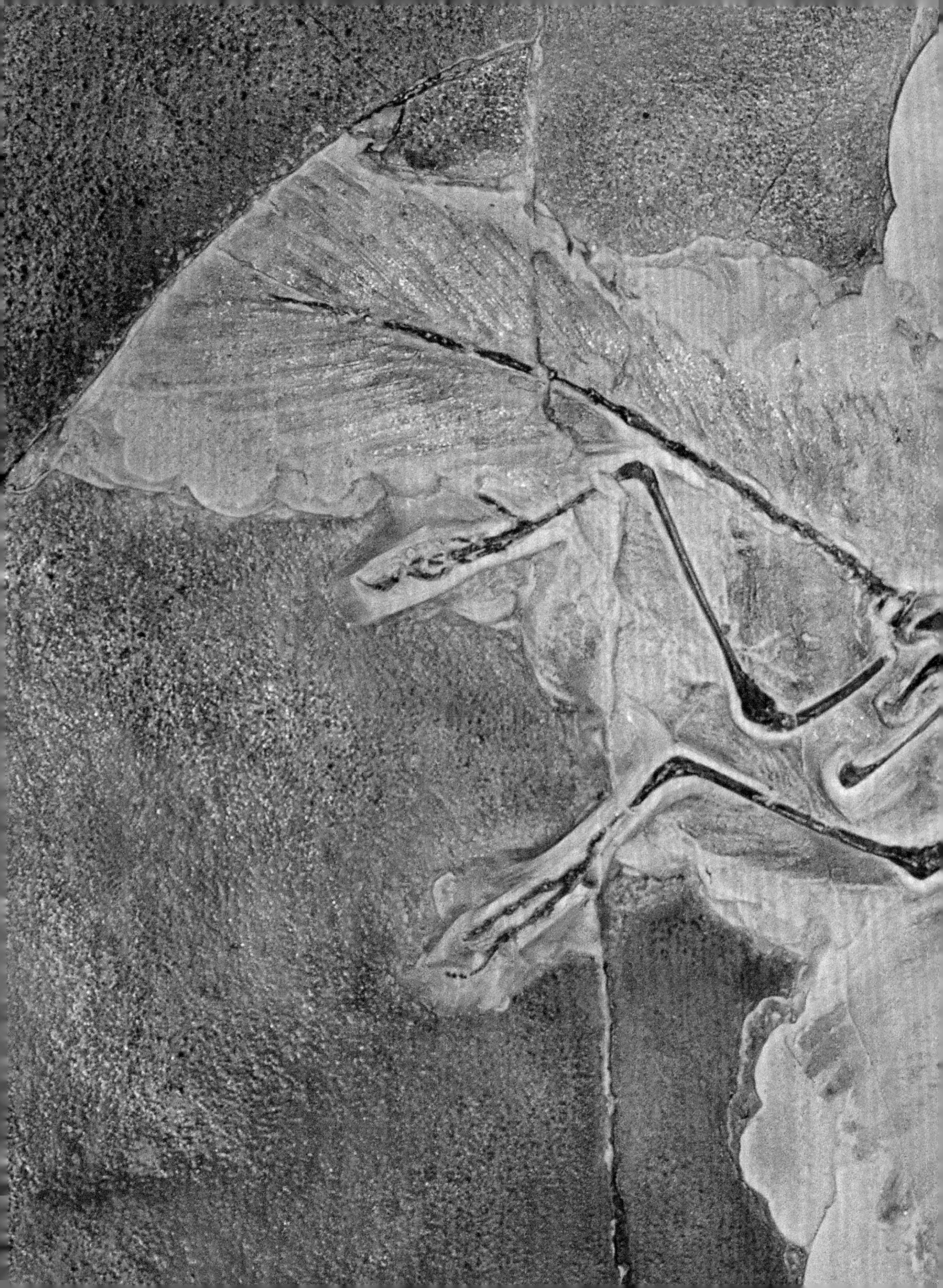

图书在版编目（CIP）数据

达尔文密码 / 何鑫著. —上海：少年儿童出版社，2023.1

（十万个为什么 . 少年科学馆）

ISBN 978-7-5589-1483-6

Ⅰ. ①达… Ⅱ. ①何… Ⅲ. ①物种进化—青少年读物 Ⅳ. ① Q111-49

中国版本图书馆 CIP 数据核字（2022）第 224530 号

十万个为什么 · 少年科学馆

达尔文密码

何　鑫　著

施喆菁　整体设计

施喆菁　装帧

出版人 冯　杰

策划编辑 王　音

责任编辑 刘　伟　美术编辑 施喆菁

责任校对 黄　蔚　技术编辑 谢立凡

出版发行 上海少年儿童出版社有限公司

地址 上海市闵行区号景路 159 弄 B 座 5-6 层　邮编 201101

印刷 镇江恒华彩印包装有限责任公司

开本 889 × 1194　1/16　印张 4.5

2023 年 1 月第 1 版　　2024 年 3 月第 3 次印刷

ISBN 978-7-5589-1483-6 / N · 1225

定价 32.00 元